典型国家光污染防治法规政策标准解读

生态环境部大气环境司
生态环境部核与辐射安全中心 著

中国原子能出版社

图书在版编目（CIP）数据

典型国家光污染防治法规政策标准解读 / 生态环境部大气环境司，生态环境部核与辐射安全中心著. -- 北京 : 中国原子能出版社, 2023.12

ISBN 978-7-5221-3226-6

Ⅰ. ①典… Ⅱ. ①生… ②生… Ⅲ. ①光污染–环境保护法–法律解释–中国 Ⅳ. ①D922.683.5

中国国家版本馆 CIP 数据核字（2023）第 256796 号

典型国家光污染防治法规政策标准解读

出版发行	中国原子能出版社（北京市海淀区阜成路 43 号　100048）
责任编辑	徐　明
装帧设计	邢　锐
责任校对	刘　铭
责任印制	赵　明
印　　刷	北京厚诚则铭印刷科技有限公司
经　　销	全国新华书店
开　　本	787 mm×1092 mm　1/16
印　　张	14.75
字　　数	224 千字
版　　次	2023 年 12 月第 1 版　2023 年 12 月第 1 次印刷
书　　号	ISBN 978-7-5221-3226-6　　**定　价**　**88.00** 元

发行电话：010-88828678　

光污染防治系列丛书

编 委 会

主　　编：李天威　严天文

副 主 编：杨　龙　毛亚虹

编　　委：杨端节　王晓涛　卢　璐

魏新渝　王　浩

《典型国家光污染防治法规政策标准解读》
编写组

主　　编：魏新渝

编写人员：魏新渝　严自薇　贾　昂

马梦达　郭　弘　王　冠

邢劲松　蒋秋岩　李　宏

白岩锌　何　琦　孙　鹤

杨铭杰　王尔奇　张丽娟

汪　婕　陈靖鹤

前　言

随着人类社会的发展和城市化进程的加速，光污染问题逐渐成为全球性的环境挑战。光污染不仅影响天文观测和夜间生态系统的平衡，还对公众健康、能源利用效率、自然和文化遗产的保护等带来诸多负面影响。近年来，光污染问题引起了国际社会的广泛关注，各国纷纷采取行动，通过立法、技术创新和公众教育等多种手段，努力减少光污染的危害，保护夜间光环境。在这一背景下，深入研究和总结国际上在光污染防治方面的经验与实践，具有重要的现实意义。

欧美国家在光污染防治立法方面起步较早，已经形成了一套较为完善的法规体系和多元化的治理模式。这些国家不仅在国家层面制定了统一的指导原则，还在地区和城市层面根据自身特点制定了针对性的措施，为全球其他国家和地区提供了宝贵的参考。此外，一些国际非政府组织也在光污染防治工作中发挥了重要作用。例如，国际暗天协会（IDA）通过“暗天保护区”认证项目，推动全球光污染防治工作；国际照明委员会（CIE）发布《室外照明设备的干扰光限制指南》，各国基于此制定了本国干扰光法规及标准要求。

本书为“光污染防治系列丛书”之一，旨在全面梳理欧美国家及国际组织在光污染防治方面的立法实践、政策措施和技术创新成果，分析其成功经验和面临的挑战。全书内容分为 12 个部分，包括：光污染定义及污染概括、光污染的影响，光污染的防治对策，全球的光污染防治立法概况，美国、法国、德国、意大利、西班牙、日本、韩国等光污染控制情况以及重要的法律法规政策，书后附录了部分典型国家光污染防治法律法规译文。

通过深入研究国际光污染防治的良好实践，我们期望为我国光污染防治法规与标准体系的构建提供有益借鉴，助力全球光污染防治工作迈向新台阶，共同守护良好生态环境与美丽星空。

本书内容范围较广、专业性强，部分资料甄别有难度，加之时间有限，法规标准的收集整理和文字翻译难免错漏，敬请读者批评指正并提出宝贵意见。

编者

目　录

第一章
光污染定义及污染概括

1.1 光污染定义

自然夜空光来自星光、黄道光（太阳系中尘埃散射的太阳光）和气辉（大气中的原子和分子在吸收太阳辐射后在夜间发光），它们的数量大致相等。即使是少量的人造光也会干扰这种微妙的平衡，改变天空的颜色，并淹没星光。光污染已经成为一个世界性的问题，它正在逐渐削弱人类观测夜空的能力。这种新的污染物对文化、科学、环境甚至能源产生了影响，带来了不可预见的后果。

许多来自世界各地的不同团体都在努力防止和尽量减少光污染。表 1-1 列出了国际组织及各国的光污染控制组织，以下介绍这些组织或国家给出的光污染定义。

国际黑暗天空组织定义的光污染为：对室外自然光线水平的人为改变，包括：眩光、天光、光线侵入和杂乱（见图 1-1）。国际组织星光宇宙认为：光污染可以定义为人类直接或间接将人造光引入环境中。可避免的光污染是指人工光源在夜间发出的光流，其强度、方向或者光谱范围不合适，对于实现其预期功能没有产生作用，或者在特定场所例如天文台、自然区域或者敏感景观使用人工照明。

欧盟对光污染的定义是：由人造光源导致室外环境中自然光水平的改变。

“污染”的意思是指“环境纯度的损害”以及人造光对自然光的污染。

比利时光污染定义为：由过度和浪费使用人造光而导致夜间环境亮度增加。

意大利伦巴第地区定义的光污染是：任何形式的人造光在其功能专用区域外辐射，特别是往地平线以上发射的情况下，应视为大气光污染。

西班牙定义的光污染是夜间人工光源在强度、方向、时间表或光谱范围内发射的光通量，这些光通量对于在安装灯的区域进行计划活动是不必要的。

捷克则认为光污染这个词没有严格的定义，常规理解为人工照明带来的所有负面现象的统称。

韩国“人工照明引起的光污染”是指因人工照明使用不当或光线从预定照明区域漏出而导致光线过多，干扰人们健康舒适生活或破坏环境的情况。

日本光污染是指人造光的不恰当或不适当地使用或操作，导致漏光或其他不利影响，从而阻碍良好“光环境”的形成。良好的光环境是指根据地区的社会状况和包括生态系统、夜空在内的自然环境特性，在通过适当的照明确保社会的安全性、效率性、舒适性和良好景观的同时，充分考虑实现节能以及对自然环境的影响的光环境。

我国一些标准中也有光污染的定义：

《室外作业场地照明设计标准》(GB 50582—2010)：指干扰光或过量的光辐射（含可见光、紫外光和红外光辐射）对人和生态环境造成的负面影响的总称。

《室外照明干扰光限制规范》(GB/T 35626）将光污染定义为“人工光各种有害影响总和的统称”。

《城市夜景照明设计规范》(JGJ/T 163）中，光污染指干扰光或过量的光辐射（含可见光、紫外和红外光辐射）对人、生态环境和天文观测等造成的负面影响的总称。

《天津市城市夜景照明工程技术标准》(DB/T 29-71—2021）光污染指不恰当的光辐射（含可见光、紫外和红外光辐射）对人和其他生物的身心健康及生存环境造成负面影响的总称。

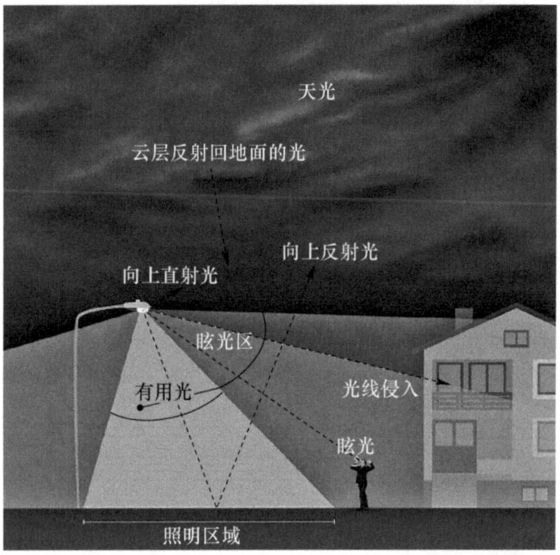

图 1-1　光污染的不同类型以及“良好”照明的情形

各国光污染组织概括，见表 1-1。

表 1-1　各国光污染组织概括

序号	国别	组织名称（中文）	组织名称（英文）	网址
1	国际	国际黑暗天空组织	International DarkSky Association	https://www.darksky.org/
2	国际	星光宇宙保护作为人类科学、文化和环境遗产的夜空质量的国际倡议	Start Light—International Initiative in Defence of the Quality of the Night Sky as Mankind's Scientific,Cultural and Environmental Heritage	https://cielobuio.org/
3	国际	国际照明协会	Commission Internationale de l'Eclairage	http://cie.co.at/publications/photocarcinogenesisactionspectrumnonmelanomaskincancers1
4	欧盟	光污染防治协会	Magnitude 6	https://www.celfosc.org/contaminacionluminica/definicion
5	法国	全国保护天空和夜间环境协会	Association Nationale pour la Protection du Ciel Noctune	https://www.anpcen.fr/
6	英国	英国天文协会黑暗天空委员会	British Astronomical Associationthe Commission for Dark Skies	https://britastro.org/darkskies/
7	捷克	中欧邮件列表-捷克布尔诺的马萨里克大学	Central European maillist, Masaryk University in Brno, Czechia	http://amper.ped.muni.cz/darksky/
8	意大利	天宝一协调保护夜空	CieloBuio—Coordinamento per la protezione del cielo notturno	https://cielobuio.org/ http://www.lightpollution.it/indexen.html

续表

序号	国别	组织名称（中文）	组织名称（英文）	网址
8	意大利	坎波卡蒂诺天文台	Osservatorio Astronomico di CampoCatino	http://www.campocatinobservatory.org/
		意大利光污染	Light pollution in Italy	http://www.lightpollution.it/cinzano/en/page95en.html http://www.lightpollution.it/
		光污染科学技术研究所（ISTIL）光污染测光与辐射测量实验室（LPLAB）	The ISTIL Laboratory of Photometry and Radiometry of Light Pollution (LPLAB)	http://www.inquinamentoluminoso.it/istil/istil_laboratory.html
9	西班牙	反光污染协会	Cel Fosc,Asociación contra la Contaminación Lumínica	https://www.celfosc.org/
		加那利群岛天体物理研究所（IAC）	Instituto de Astrofísica de Canarias	https://www.iac.es/en/observatoriosdecanarias/skyprotection/lightpollution
10	德国	德国业余天文学家反对光污染的组织	The organization of the German amateurs astronomers against light pollution	http://www.lichtverschmutzung.de/
11	比利时	天文学协会的反光污染工作组	Werkgroep Lichthinder van de Vereniging voor Sterrenkunde vzw	https://www.vvs.be/werkgroepen/werkgroeplichthinder
		保护天空和夜间环境协会	Association pour la Sauvegarde du Ciel et de l'Environnement Nocturnes (ASCEN)	http://www.ascen.be/
12	奥地利	奥地利的光污染	Lichtverschmutzung in Österreich	https://www.nightsky.at/
13	捷克共和国	捷克天文学会黑暗天空科学	Czech Astronomy Society Dark Sky Section	https://www.astro.cz/novinky.html
14	马耳他	马耳他光污染意识小组	Malta light pollution awareness group	https://www.maltastro.org/darksites
15	斯洛文尼亚	斯洛文尼亚黑暗的天空 Pobuda za temno nebo	Dark Sky Slovenia Pobuda za temno nebo	https://temnonebo.org/
16	芬兰	芬兰夜空背景和可视	Suomen yötaivaan tausta ja seeing	http://users.utu.fi/hlehto/tausta/
17	瑞士	瑞士黑暗的天空	DarkSky Switzerland	http://www.darksky.ch/dss/de/
18	日本	日本环境省光污染对策	光害ｶﾞｲﾄﾞﾗｲﾝ、ﾊﾟﾝﾌﾚｯﾄ等	https://www.env.go.jp/air/life/light_poll.html
19	美国	美国国家公园管理局	National Park Service	https://www.nps.gov/subjects/nightskies/lightpollution.htm
20	中国香港	香港环境及生态局	香港环境及生态局	http://nightsky.physics.hku.hk/referenceorganizers.php

1.2　常用术语

1.2.1　人眼对光谱亮度敏感性

光波是电磁波。可见光的波长大约为 400～750 nm，但人眼对这个范围内的所有波长的敏感度存在差异。白天人类能见度的最大值约为 555 nm，即在黄绿色范围内。另外，在黑暗中，眼睛的敏感度转移到短波范围，最大值为 507 nm，人眼对红色和紫色色调最不敏感（见图 1-2）。

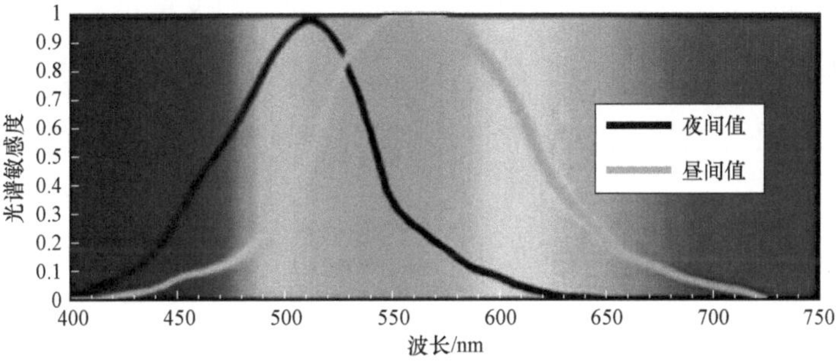

图 1-2　人眼光谱灵敏度

1.2.2　光的传播

光沿直线传播。因此，被照亮的物体后面会有阴影。但是，由于光通量在物体边缘发生弯曲，所以不会完全变暗。

1.2.3　光强

发光强度简称光强（用 I 表示），国际单位是坎德拉（用 cd 表示）。1 cd 是指光源在指定方向的单位立体角内发出的光通量，与 1 国际烛光等值。光源辐射是均匀时，则光强 $I=F/\Omega$，其中，Ω 为立体角，单位为球面度（sr）；F 为光通量，单位是流明；对于点光源由 $I=F/4\pi$。

1.2.4 亮度

亮度（用 L 表示）是指发光体光强与光源面积之比，定义为该光源单位的亮度，即单位投影面积上的发光强度（亮度＝光强÷面积）。亮度的单位是坎德拉/平方米（cd/m^2），或称尼特（NITS），也就是每平方公尺分之烛光。通俗地说，亮度是眼睛对发光或照明表面的亮度印象的量度，即“可见”亮度的量度。

1.2.5 照度

光照强度简称照度（用 E 表示）是指单位面积上所接收可见光的光通量，是对表面（例如工作台、窗台、足球场）照明亮度的度量，测量单位是勒克斯（lx）。在阳光明媚的夏日，自然照度可高达 100 000 lx，在多云的冬季，自然照度可降至 3 000 lx 左右。相比之下，满月的光会导致 0.25～1 lx 的照度水平，这取决于入射角（见图 1-3）。

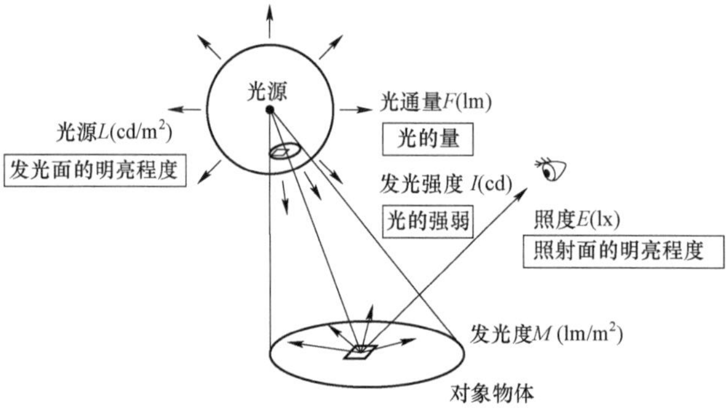

图 1-3　几个光相关定义之间的关系

1.2.6 色温

色温（CCT）是衡量光的光谱含量的指标，CCT 值越高表示灯具发出的蓝光量越大，黄昏后应该避免这种光。

在图 1-5 中，左边的灯泡富含高色温蓝光，而右边的则没有。发光二极管（LED）灯泡的所有包装都提供色温信息。使用低色温光源作为内部或外部照明光源。它们的光线不那么刺眼，对人类健康和环境的危害也较小。美国医学协会（AMA）建议使用色温为 3 000 K 或更低的暖色光源（见图 1-4）。

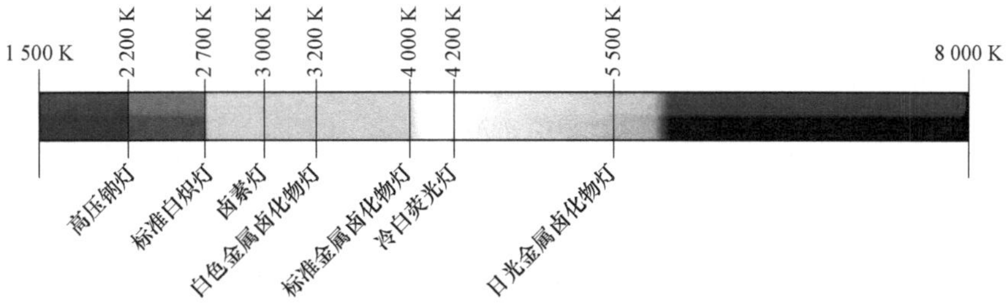

图 1-4　开尔文色温图

图 1-5　不同色温的灯

1.2.7　灯

灯被定义为利用电能产生光的装置。这些包括所谓的温度辐射器，例如白炽灯，它产生光能和热能，以及放电灯，它使用气体放电来产生光。放电灯又根据现有的压力条件分为低压灯（如荧光灯管）和高压灯（如金卤灯、汞蒸气灯）。光通量（功率）和光色（波长范围）取决于灯的类型。

1.2.8　灯具

灯具被定义为用于固定灯的外壳。灯具的形状以及灯具中的反射器（如果适用）决定了光的分布方式。

1.3 光污染概括

光污染对环境和生活在其中的生物（动物、植物和人）健康产生许多影响。虽然这个领域研究已经发展了 20 多年，但仍然鲜为人知。光污染的众多影响中最广为人知的并且最明显的是导致夜空亮度的增加（图 1-6），在很多年前，天文学家用其敏感的仪器就已经认识到该问题并开始了大量研究。光污染危及我们对周围宇宙——星空的感知，光污染还导致能源和金钱的浪费，甚至导致人文和科学文化的一个基本要素以及景观遗产的一个重要组成部分正在逐渐消失。

2016 年《Science Advances》杂志发表的“世界人工夜空亮度地图集”（图 1-7）显示，超过 80%的人类正处在光污染的夜空之下，包括大约 83%的地球人口，其中欧洲人和美国人超过 99%。按人口计算，新加坡拥有世界上光污染最严重的天空，其次是科威特、卡塔尔和阿拉伯联合酋长国——这些都是人口稠密的国家。非洲的天空最暗，排名前 10 个光污染最少的国家位于非洲大陆。图 1-7 为我们被照亮的全球海平面人工夜空亮度。由于人类不合理的照明，夜空现在充满了街灯和泛光灯的橙色光芒。

上述的研究，通过观测地球卫星的数据预计光污染每年增长约 2%，卫星测量的是逃离大气层的光，主要测量垂直发射的光，并无法探测较蓝、较短波长的光。2023 年，克里斯托弗等人发表在《Science》杂志上的新研究基于人们记录在晴朗、黑暗的夜晚看到的恒星数量，即从地面向上评估夜空的亮度，从地面对夜空的观测还包括水平发射的光，如照亮的建筑外墙、数字广告牌和漏光窗。新研究显示，在 2011—2022 年，全球天空亮度估计每年增加 9.6%。地球上大部分地区的夜空迅速变亮，对所有生物都造成了严重的后果。作者得出结论，“现有的照明政策并没有阻止这种增长”。光污染的惊人增长为政策制定者敲响了警钟，需要立即采取果断的行动来解决这一紧迫的环境威胁。

(a)

(b)

图 1-6　英国西部小城巴斯 1950 年和 2000 年完全相同的景色

（a）1950 年；（b）2000 年。

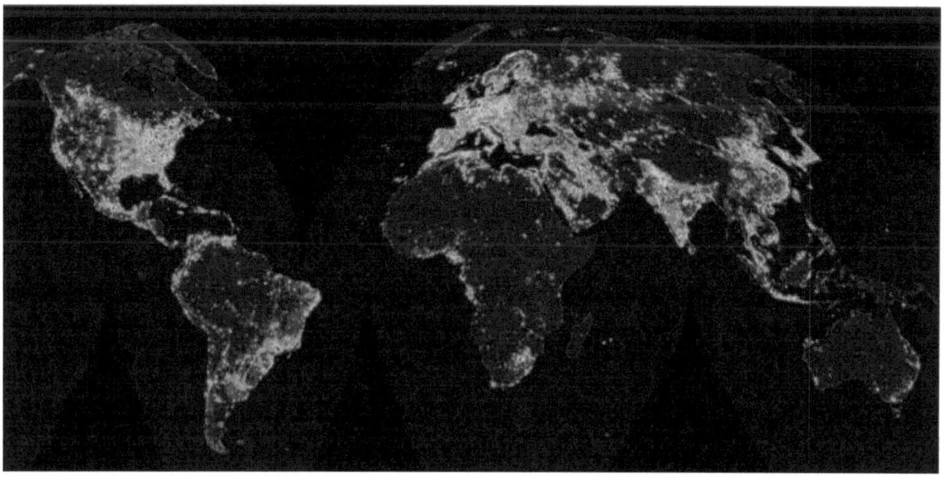

图 1-7　全球海平面以上人工夜空亮度（μcd/m²）

■ 天空本底≤1.7　■ 地平线附近污染1.7～14　■ 天穹附近污染14～87　■ 天空自然夜景消失87～688

■ 银河夜景消失688～3 000　□ 眩光>3 000

天空本底：光污染水平非常低，小于 1.7 μcd/m²，在这样的条件下，夜空非常清澈，可以观察到银河和大部分星星。地平线附近污染：光污染水平为 1.7～14 μcd/m²。在这种条件下，地平线附近的夜空开始受到光污染的影响，星星的可见度降低，但银河仍然可见。天穹附近污染：光污染水平为 14～87 μcd/m²，此时，整个天空的光污染程度增加，星星的可见度进一步降低，但银河仍然可以被观察到。自然天空夜景消失：光污染水平为 87～688 μcd/m²，在这种条件下，自然夜空的美景几乎完全丧失，银河和大部分星星都难以观察到。银河夜景消失：光污染水平为 688～3 000 μcd/m²，在这种极端的光污染条件下，银河几乎不可见，只有最亮的星星能够被看到。眩光：光污染水平大于 3 000 μcd/m²，这是非常高的光污染水平，人类的视锥细胞（负责在明亮条件下视觉的细胞）在这样的亮度下会变得活跃，这意味着在这样的条件下，即使在夜间，人们也会感觉到像是在白天一样。

1.4 自然光景的保护

美国内政部国家公园管理局制定的《2006 年自然保护区管理政策 4.10》概述了在最大程度上保护公园自然光景以及保护夜空的责任，自然光景夜空是在没有人为光照的情况下存在的自然资源和价值。

1.4.1 夜空是自然资源

自然黑暗的夜空是许多自然过程不可或缺的资源。我们通常认为黑暗的夜空是一种风景资源，被天文学家以及普通的天文爱好者所珍视。但有时人们忘记了自然黑暗的夜空对野生动物的重要性。地球上近一半的物种是夜行性的——在夜间而不是在白天活动。此外，所有的物种，夜行性和昼行性，都是随着黑暗和光的自然循环进化的。就像人们需要自然黑暗的环境进行睡眠以恢复功能一样，成千上万的昼行性物种（最活跃在白天）也依赖相同的环境。许多物种依赖自然的光和暗模式来导航、筑巢、交配、觅食、躲避捕食者和暗示行为。

在环境中加入人工光会改变自然光的模式，影响生态功能，对某些物种产生重大影响。例如，迁徙的鸟在夜间参照星星飞行，会被城市灯光和塔楼带偏方向。昆虫可以从很远的地方被光亮吸引到哪怕只有一盏灯光，大大减少了其种群数量，并改变了其他野生动物的食物链状况。

海龟孵化后会朝着海滩上最明亮的灯光移动，但它们并没有被海上闪烁的波浪所吸引，而是经常被吸引到道路和停车场，在那里它们很快就会死去。鱼类可能会被水中的人造灯光吓退，人造灯光可以作为人造屏障，破坏自然的运动模式。两栖动物的视觉比人类敏感得多，很容易被光线迷惑。洞穴环境的变化也可能产生类似的破坏性影响。对人工夜间照明的生态后果的研究揭示了光污染与物种破坏之间的许多关联性。

黑暗的夜空与空气质量也紧密联系，因为空气污染影响夜空的质量。正如空气污染减少白天的能见度一样，夜晚的雾霾使星星黯淡，并通过散射人工光来增加光污染的影响，导致夜空呈现灰色，而不是黑色帆布上闪烁的星星（见图 1-8）。

图 1-8　中国内蒙古草原的羊群和月出（图片源自视觉中国网站）

1.4.2 夜空是一种有价值的文化资源

无论白天还是黑夜，当我们仰望天空时，我们会想起那些在我们之前生存在地球上的人类，以及他们与天体的联系。同样的太阳、月亮、行星和恒星，自古以来就是人类创造故事和传统生活方式的一部分。黑暗的天空唤起了世界各地文化的无数神话、艺术、文学和音乐，它是永恒和无边无际的资源。

文化方面，纵观历史，夜空塑造了各个社会的信仰和传统。牛郎织女的神话故事与夜空的联系非常紧密。在中国古代星官体系中，牛宿星官由 6 颗星组成，位于银河的东岸，形似两个倒置的三角形，而织女星则位于牛宿的北部，其中的织女一星是全天第五亮星。这两颗星分别代表了故事中的牛郎和织女，他们被银河分隔，每年只能在七夕这一天通过鹊桥相会。这个传说反映了古人对天文现象的观察与想象，将天上的星宿与人间的情感故事相结合，创造出了富有浪漫色彩的神话。中秋节与夜空的关系则体现在月亮上。中秋节，又称仲秋节，是农历八月十五日，此时的月亮圆满明亮，象征着团圆和完满。在中秋节这一天，人们会举行各种庆祝活动，如赏月、吃月饼、猜灯谜等，这些活动都与月亮有关。月亮在中国文化中有着重要的地位，它不仅是夜空中的重要天体，也是人们寄托思念和愿望的象征。牛郎织女的故事和中秋节都体现了人们对夜空的崇拜和对天象的重视。牛郎织女的故事通过星宿的观察，将天文现象与人类情感相结合，展现了古人对宇宙的敬畏和对爱情的向往。而中秋节则通过月亮的圆满，象征着人间的团圆和谐，反映了人们对家庭和亲情的重视。这两个节日都与夜空紧密相连，不仅丰富了中国的传统节日文化，也体现了人们对宇宙和自然现象的观察与理解。历史方面，自然光照的夜晚环境是许多国家公园等历史结构的一部分。正如我们保持历史建筑完好无损，保护周围景观和特定时代的景色一样，我们也认识到自然夜空是该地区历史背景和感觉的重要价值。体验一个自然的星空也可以帮助我们想象古代的天文学家构建起的宏大星空观、世界观。古代的天文学家还利用北极星附近的星象来构建了一个完整的星官体系，这个体系将天空分为不同的区域，并赋予了它们不同的名字和象征意义。这种体系不仅用于天文观测，还与古代的哲学思想、文化和政治紧密相关。以北极星为例，北极星在中国古代天文学中扮演了重要的角色，它不仅是观测和导航的重要参照点，也是制定历法和理解宇宙的关键。通过精确的观测和记录，古代的天文学家能够制定出反映自然规律的历法，这些历法不仅用于指导农业活动，还与古代社会的宗教信仰和政治制度有着密切的联系。此外，观看夜空让我们想象郑和下西洋周游世界时使用的星星作为导航信标。保护国家公园的光景还包括保护历史灯光和灯具的真实性。现代照明技术的错误应用和不适当的颜色、强度或灯具可能会威胁到历史资源的价值。

1.4.3　夜空具有一定的经济价值

夜空具有一定的经济价值。随着观星活动、天文节、满月远足、天文摄影等夜间公园活动的普及，自然光景对国家公园和周边社区的价值日益重要。通过对国家公园等周边社区的游客设施的观察发现，观星活动吸引了更多的游客，并往往会延长停留时间，给这些社区带来相应的经济效益。美国许多社区经济发展都来源于夜空价值。我国深圳市国际暗夜社区大鹏西涌社区星空文旅成为深圳新名片，观星产品引流人气超高。国内首场荧光海、萤火虫等暗夜生态主题直播观看超 3 000 万人次；天文观测科普活动为商户引流，线上线下参与 9 600 万人次；游客和活动数量同比增长 500%以上；各主体主办天文相关品牌文旅活动超 20 场次。基于国际暗夜社区，探索研究开展城市暗夜保护区的创建，减少城市各类照明在对天空垂直方向上的光污染的负面影响，守护城市静夜美，让城市居民在城市中感受暗夜星空。

此外，夜空还具有荒野价值。除了游客的乐趣之外，黑暗的夜空对于保护每年数以千万计的公园游客所追求的荒野特性和价值也至关重要。美国《荒野法》建立了国家荒野保护体系，保护荒野性质。黑暗的夜空是公园荒野性的一部分（见图 1-9）。

图 1-9　在四川阿坝四姑娘山一对情侣在观看流星雨（图源视觉中国网站）

第二章
光污染的影响

随着全球城市化速度的加快以及夜间经济活动的频繁，光污染问题，特别是夜间人工照明的过度使用，已逐渐演变为一个突出的环境问题。虽然夜间照明为人类生活与工作提供了便利，但其对环境产生的负面影响亦不容小觑。光污染的直接后果是导致夜空亮度增加，室外照明中向上发散的光能照亮大气中的粒子与分子，形成一层妨碍观星的光亮背景。光污染不仅加剧了夜间照明，还对人类、动植物、生态系统以及观星环境造成了不利影响。光污染干扰了生物的自然节律，对于人类而言，长期暴露于过量的夜间光照中可能导致睡眠障碍、视力问题以及心理健康问题，如焦虑和抑郁。对于动植物而言，光污染可能破坏其繁殖周期、觅食行为和栖息地的安全性。

2.1 光污染对人体健康的影响

在近年来的环境与科学研究中，人们日益关注过度暴露于人工夜间照明对人体健康产生的潜在影响。2016 年，美国医学协会（AMA）发布了一份报告《发光二极管社区照明对人类和环境的影响》，确认了发光二极管（LED）发出的过量蓝光对人类健康及环境的存在已知和潜在影响。鉴于过量蓝光暴露可能对公众健康构成风险，该报告建议在转换至 LED 照明技术时，应优化设计和工程特性，包括适当屏蔽室外照明，采用自适应控制以实现夜间灯光的调暗或熄灭，以及将室外照明的相关色温（CCT）限制在 3 000 K 或以下。AMA 的“人工夜空亮度世界地图集”指出，使用 4 000 K 的街道照明和户外照明改造可能导致照明污染增加 2.5 倍。此外，富含蓝光的 LED 照明对昼夜节律的破坏不仅影响人类，也对其他物种造成影响。日本《光污染控制指南》显示，即使生活照明较暗（50～100 lx），也可能抑制黑色素的分泌，导致分泌时机延迟。

人造光对人体的影响受到多种因素的作用，包括年龄、性别、视觉功能、职业、兴趣、心理状态，以及季节、气候、天气、时间、场所以及其他环境条件。为满足交通、安保、生产、商业活动和观光等照明需求，在减少电力消耗的同时，避免对人造成不良影响至关重要。人造光对人体的影响主要表现在以下两个方面。

1. 对舒适性和睡眠的影响

人类依据自然光调节昼夜节律，光照时活动，黑暗时休息。室外照明的侵入光可能会干扰住户的睡眠和隐私。此外，从建筑物、商店、橱窗和视频显示设备（如数字标牌）泄漏的光可能导致行人感到不适，如眩光等。探照灯、激光束等的使用可能引起当地居民的不适，影响景观。夜间开启人造灯光，人体系统接收与白天相同的信号，导致睡眠周期缩短。

2. 对内分泌系统疾病的影响

人体根据昼夜节律产生褪黑激素，褪黑激素有助于维护健康，具有抗氧化特性，促进睡眠，增强免疫系统，降低胆固醇，并有助于多个腺体的功能。夜间暴露在人造光下，尤其是蓝光下，会抑制褪黑激素的产生。大多数户外照明的 LED 及电子显示器都会产生大量蓝光，可能导致睡眠减少，进而引发肥胖、糖尿病、心血管疾病、抑郁症和中风等健康问题。Kejia Hu 等人于 2022 年发表在《Environmental Research》上的文章，研究了 2017—2018 年中国健康长寿纵向调查的 13 474 名老年人的户外人工照明与睡眠时间的关系，结果显示，住宅周围户外夜间光照强度的增加与老年居民的睡眠时间缩短有关。日本的研究也显示，老年人在夜间暴露于人工照明与抑郁和躁狂症状存在相关性。

2.2 光污染对动植物的影响

在数十亿年的演化过程中，地球上的所有生命都适应了地球自转所带来的昼夜更迭，这种昼夜节律编码在植物与动物的遗传信息中。然而，人类通过照亮夜间的方式，显著地打破了这一古老的自然规律。无论是植物还是动物，都依赖地球每日的明暗变化来调控其生命活动，如繁殖、生长、休息以及避免天敌的侵扰。现有的科学证据显示，夜间的人造光源对多种生物，如两栖类、鸟类、哺乳动物、昆虫以及植物，都产生了显著的负面影响，甚至威胁到了它们的生存。

2.2.1 人造光对生态群落的影响

人造光可以直接和间接地影响生态群落，其影响程度因动植物种类、环境条件及季节等因素而异。当人造光专门作用于构成群落关键部分的一个或多个生物时，就会产生直接影响。例如减少草原群落中草的生长或生产力，或减少关键动物群落的移动或繁殖。夜行性动物在白天休息，夜间活动。光污染通过将夜晚转化为类似白昼的状态，从根本上改变了这些动物夜间的生活环境。研究科学家克里斯托弗·凯巴（Christopher Kyba）指出，对于夜间活动的动物而言，人造光的引入可能是人类对自然环境造成的一项重大改变。捕食者利用光线进行狩猎，而猎物则利用黑暗作为掩护。在城市周边，天空的亮度相较于 200 年前增加了数百倍甚至数千倍。然而，我们对这一变化对夜间生态学产生的剧烈影响的理解仍处于初级阶段。此外，人造光的眩光亦会对湿地栖息地产生影响，这些栖息地是青蛙、蟾蜍等两栖动物的栖息地，它们在夜间发出的叫声是繁殖仪式的一部分。人造光破坏了这种夜间活动模式，干扰了繁殖过程，并导致这些动物数量的减少。

间接影响发生在光污染影响生态群落内的过程和物种相互作用的地方，并对群落中的关键生物产生级联影响。例如，人造光可能会破坏授粉昆虫的生命周期，从长远来看，这会损害支持群落的授粉植物物种的补充，以及关键食虫动物群的食物供应。飞蛾在生态系统中担任夜间传粉者的角色，飞蛾数量的减少及其活动的抑制可能会对整个生态系统造成影响。哺乳动物、两栖动物、爬行动物及鸟类中，部分物种呈现夜间活动习性，例如浣熊和蝙蝠。这些动物的栖息地易受户外照明影响，它们通常以趋光昆虫为食。因此，室外照明对昆虫栖息地的改变，可能会对这些动物的生态系统产生不利影响。在一个生态系统中，不同种类的动植物之间存在着复杂的食物链、寄生关系等相互联系，同时也与被远处人造光吸引而来的昆虫等存在联系。因此，即使在照明设备周边没有特别需要保护的动植物，或者对特定物种的影响程度尚未明确的情况下，也应尽可能地减少人造光对生态环境的干扰。

2.2.2 人造光对动物的影响

2020 年 2 月,《保护野生动物迁徙物种公约》第十三次缔约方大会通过了“野生动物光污染准则”的决议，该决议涉及海龟、海鸟和候鸟的光污染指南。决议强调，全球范围内人造光的增加对众多物种和生态群落造成了负面影响，包括干扰野生动物的关键行为和功能，阻碍受威胁物种的恢复，影响迁徙物种的长途迁徙能力。

1. 对昆虫的影响

昆虫在全球生态系统中扮演着不可或缺的角色。据统计，约 60%的昆虫在夜间活动，其中约三分之一因受到人造光的吸引而死亡。昆虫种群的减少将对依赖昆虫进行食物获取或授粉的物种产生不利影响。2017 年，德国 Hallmann 等人的研究初步揭示，光污染导致保护区内飞行昆虫数量惊人地下降了 76%。2019 年发表在期刊《Biological Conservation》上的文章指出，未来几十年内，超过 40%的昆虫物种可能面临灭绝，这一现象对昆虫种群下降的趋势提出了警示。Owens 等人在其研究文章《光污染是昆虫减少的驱动因素》中表明，人造光通过干扰昆虫的发育、运动、觅食和繁殖，以及对捕食者的影响，导致昆虫数量的减少。昆虫种类包括趋光性物种，如飞蛾；以及避光性物种，如萤火虫。若在靠近水田、森林、河流、湖泊等自然环境的地区安装户外照明，可能会照亮这些昆虫的栖息地，进而影响它们的繁殖活动和种群数量。飞蛾作为受光污染影响的典型夜行动物，其受影响的程度因光的波长和种类而异。已有研究报道证实，光污染对飞蛾的生殖功能产生了负面影响。因此，采取诸如减少漏光或使用不包含高昆虫引诱性波长的照明设备等措施，以减轻对昆虫的影响，显得尤为必要。

2. 对其他动物的影响

人造光对两栖动物的影响。人造光源对两栖动物的影响已通过早期实地研究得到证实，主要表现生殖功能、视觉功能和活动模式的改变。研究显示，两栖动物如蟾蜍在人造光源照射下，其活动水平降低，能量分配出现变化，幼体的生长周期及持续时间缩短。此外，人造光源亦能影响繁殖行为，降低蟾蜍的授精成功率。

人造光对鸟类的影响。夜间迁徙或捕食的鸟类依赖月光和星光进行导航，人造光的干扰可能导致其偏离航线，进入危险的城市夜间景观。每年因不必要照明而导致的鸟类与建筑物、塔架相撞的死亡事件数以百万计。候鸟的迁徙依赖于季节性时间表的准确提示，而人造光可能使它们过早或过晚迁移，错过筑巢、觅食等行为的理想气候条件。许多鸣禽物种适应在天黑时迁徙，此时捕食者活动减少。据美国鸟类保护协会（Audubon 杂志，2000 年 4 月）报告，在美国，每年约有 400 万只鸟因人造光源影响而迷失方向，疲惫不堪，最终在飞向灯火通明的建筑物时丧生。这一数字可能更高，因为多数夜间坠落在城市街道上的鸟类尸体和受伤鸟类，常被城市中的清道夫动物所清理。在多伦多，志愿者一年内收集了来自 138 个不同物种的 3 000 多只死鸟和受伤鸟。多伦多已成为世界上首个通过立法控制建筑物光线以保护鸟类的城市。

人造光对蝙蝠的影响。蝙蝠是夜行性昆虫的主要捕食者，其活动会受到人造光的影响，进而导致行为改变。蝙蝠倾向于在光线较暗的环境中活动。它们选择的筑巢地点主要包括洞穴、废弃矿井、暗室、岩石洞穴及高大树木等。此外，蝙蝠亦偏好庇护物及线性景观特征（如树篱、河岸、运河等避光结构）后的空间作为筑巢地。此避光行为与降低在强光下捕食的风险及视力受限相关。然而，为追求景观美化和旅游业发展，牺牲蝙蝠的筑巢与觅食地点，已成为导致这些重要生物数量急剧减少的一个因素。

人造光对爬行动物的影响。海龟在海洋中生活，夜间在海滩上孵化。夜间新孵化的小海龟在从海滩向海洋的迁徙过程中，容易受到人造光的干扰，进而导致方向迷失，无法找到返回海洋的路径。这种迷失可能导致小海龟遭受捕食、疲劳、脱水，或被道路车辆轧死。在佛罗里达州，每年有数百万幼龟因受人造光源影响而死亡。海龟依赖视觉线索选择筑巢海滩并在陆地上定位，即使在低强度的人造光源下，也会破坏其在海滩上的定向能力，导致其选择不适宜的筑巢地点。因此，海龟倾向于避开或减少使用光照较强的海滩筑巢，导致这些区域的海龟巢数量减少。人造光还会影响其他爬行动物觅食。对于昼夜活动的爬行动物，如壁虎，它们能在夜间人造光源下进行觅食。而绿色蜥蜴虽然主要在白天觅食，但在夜间人造光源的影响下，也观察到其觅食行为的增加。

人造光对鱼类的影响。与陆地生物的研究相比，光污染对鱼类影响的研究相对较少。人工光源可能通过影响鱼类的存活率、繁殖行为，包括产卵和孵化成功率，以及生理机能，进而对鱼类种群产生影响。此外，这种影响还可能改变鱼类的时空活动模式，并增加其能量消耗。具体行为变化包括增强的巢守行为、夜间活动增加、昼夜活动模式的总体变化、在开阔区域停留时间的延长以及保持某一区域位置的行为。鱼类对光的反应可能是吸引也可能是排斥。例如，趋光性可能导致小型鱼类聚集于光源附近，成为掠食性鱼类的诱饵。同时，人工光源也可能直接助力捕食者的成功捕猎。例如，桥梁上的灯光在夜间开启时，能够提高附近海豹捕捉鲑鱼的成功率。

人造光对家畜的影响。户外照明不当会导致生殖功能下降和行为异常。在规划户外照明时，若周边存在牲畜，应充分考虑其习性。表 2-1 概述了户外照明对动物的各种影响。

表 2-1　光污染对动物的影响

影响项目	对光的反应	分类群	问题发生事例
移动/迁徙	朝向光源（趋光性） 避开光源（避光性）	昆虫类 鱼类	吸引害虫 吸引稀有物种 食物链中断
	影响运动方向的确定	昆虫类 鸟类 两栖动物 爬行动物	干扰海龟产卵 导致萤火虫消失 干扰蝙蝠觅食
栖息地和繁殖	照度和光色影响栖息地活动	哺乳类 昆虫类 鱼类 鸟类 家畜	导致夜间鸟类消失 生理异常 食物链中断

2.2.3　人造光对植物的影响

人造光可能通过植物光合作用，影响植物的发芽、生长、开花、结果。然而该影响也因波长的不同而有所差异。因此，控制植物栖息地光污染以及研究光色的影响是非常重要的。

首先，对于野生植物而言，室外照明会对其生理及生态特性产生影响，尤其是对光合作用和生长等营养生理过程的影响。这种照明对短日照植物、长日照植物以及观赏花卉等均有显著影响。此外，城市环境中种植的路边树木亦受到室外照明的影响，其影响程度因树种而异。在分析此类影响时，需综合考虑光的波长、强度、照明的季节和时间等因素。

其次，在农作物方面，人造光对诸如水稻、菠菜等作物的影响已被广泛记录。以水稻为例，作为一种短日照植物，室外光照会延迟其抽穗过程，特别是在抽穗前 20～40 天的影响最为显著。一项研究通过在夜间使用 LED 照明对水稻进行照射，发现照度为 5 lx 的夜间照明会导致抽穗延迟约 13 天。然而，水稻抽穗的延迟程度会因照射波长和作物品种的不同而有所差异。因此，在室外照明附近种植水稻时，需注意照明设备的安装位置及照明时间，以避免对作物生长造成不利影响（见表 2-2）。

表 2-2　光污染对植物的影响

植物		室外照明的影响
农作物	水稻	虽然品种不同，但是几勒克斯的照度也会延迟出穗。照度的增加，延迟天数也变长，还会出现不出穗的情况
	菠菜、花环菊花、芥菜	产生抽薹、促进开花，会损害作物价值。 影响程度因品种、栽培时期而异
	洋葱	幼苗虽小却形成了茎，在茎尚未充分肥大的时候就成熟了
树木花木	梧桐、侧柏、刺槐、郁金香、梧桐树	延迟落叶并抑制冬芽形成等休眠诱导
	藤枫	落叶有一些延迟
	杜鹃花	受落叶等影响

2.3　光污染对星空的影响

几千年来，在每一个晴朗的夜晚，人类都对璀璨的星空景象感到惊叹，银河横穿星空，行星的移动、流星的飞速穿梭以及幽灵般的极光共同构成了这一自然景观。这一壮观的自然表演激发了人类对宇宙的思考，渗透至宗教和文化领域，并推动了科学研究的进展。星空不仅具有卓越的自然美学价值，还具有特殊的科学意义（见图 2-1）。遥远恒星和星系的光线需要经历数百年、数千年

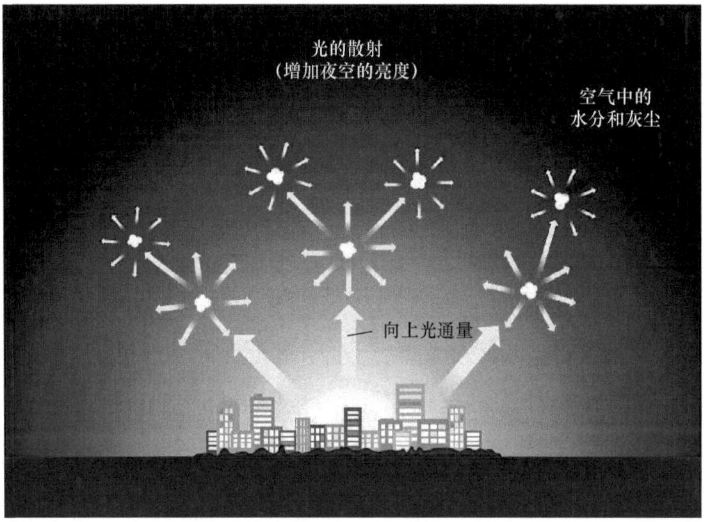

图 2-1　向上光通量增加夜空的亮度

甚至数百万年的传播才能抵达地球，因此在传播的最后一刻失去这些光线无疑是巨大的遗憾。当前，不恰当的人造光源已逐渐剥夺了大多数人欣赏美丽星空的机会。不当设计的灯光产生的向上光在大气中发生散射、反射并最终返回至人眼，导致天光现象。随着向上光通量的增加，天光现象加剧，使得星星难以被观测，对天文观测产生了负面影响。特别是短波长光，如高色度照明发出的蓝光，在大气中的散射效应更为显著，进一步加剧了天光现象，对广泛范围内的天文观测产生了干扰，即使是距离大城市 100 km 或更远的地方仍然受到影响。

2.4　与光使用相关的两个问题

2.4.1　能源的浪费

光污染问题中，一个显著且常被忽视的影响是，由过度或不恰当的夜间照明所导致的能源浪费。在面临水资源浪费时，社会往往会迅速采取相应措施。然而，对于路灯、体育场馆以及家庭泛光灯等设施中不必要的照明及能源消耗，社会关注度却相对较低。据欧洲黑暗天空组织基于卫星监测数据、灯光数量以及估计的照明效率计算，欧洲大陆每年因照明浪费的金额高达 50 亿欧元。国际暗天协会的数据显示，美国大约有三分之一的外部照明因不当使用而被浪费，每年由此造成的经济损失约为 20 亿美元。基于此，初步估计我国每年至少有 70 亿度电因照明不当而被浪费，导致的经济损失约为 42 亿元人民币，同时增加了约 700 万 t 的二氧化碳排放。

2.4.2　安全问题

安全问题是城市照明设计中不可忽视的重要因素。不当的玻璃反光、道路闪光灯及户外照明设备的选用与安装，可能导致不适的眩光，甚至增加交通安全风险。例如，北京东城区新世界 A 座写字楼的玻璃幕墙反光问题，已引起主路车道上司机视线受阻，导致群众多次投诉。道路交通监控系统中的强光闪烁，可能会降低司机的视觉辨识度，甚至造成短暂致盲，从而引发交通事故。根据公安部交通管理部门的统计，我国每年夜间交通事故中，超过 40%与不规范使用远光灯有关，且这一比例呈现上升趋势。2022 年 10 月，史某驾驶电动自行车在镇江丹徒区某路行驶时，因对向朱某驾驶的小型轿车使用远光灯，导致史某视线受阻，撞上停靠在路侧的重型货车尾部，造成史某死亡及车辆损坏。

第三章
光污染防治对策

城镇的过度照明不是发展的标志，也不能增加安全性，这只是一种无知的行为。人造光的浪费会增加能源和资源的消耗，增加二氧化碳等温室气体的排放，对生物、植物和人类健康都造成不同程度的影响，即使只考虑天光对夜空的影响，光污染的情况也特别令人担忧。光污染防治的手段涉及多个学科领域，欧盟环保署 2023 年 11 月发布的环境政策研究《光污染——环境保护的缓解措施》介绍了各种可以实施的缓解措施，并重点介绍了照明设计优化和针对某些敏感种群的措施。意大利光污染防治专家 Pierantonio Cinzano 专门制定了有效限制光污染影响的技术措施文件。本章基于上述研究成果，梳理出如下光污染防治对策。

3.1 预防原则

考虑到人照光效应经验数据的缺乏，并且光污染的影响与光照水平、光谱和方向之间的关系等仍需要不断地研究和探索，很多国家和地区均建议采用预防原则，以避免和减轻光污染。预防原则有三个核心组成部分：（1）在面对不确定性时采取预防行动；（2）将举证责任转移给某项活动的发起人；（3）探索各种可能有害的行为的替代方案以及增加公众对决策的参与。英国夜间暗天伙伴关系会（UKDSP）起草了一份“黑暗天空标准”，其战略核心有四大方面，即

“正确的光，在正确的地方，以正确的数量，在正确的时间内”，这里正确的光考虑了人类适当的视觉感受，同时满足环境和健康保护的目标。澳大利亚的国家光污染指导方针指出，所有照明设计的起点都应该是自然黑暗，人造光只能用于特定的目的，并且只能在所需的位置和规定的使用时间内使用。国际暗天协会和国际照明工程学会推出的负责任的户外照明的核心五项原则是：实用（必须要有明确的目的）、定向（只照向需要之处）、低亮度（不超过所需亮度）、受控（仅在需要的时间使用）、暖色温（尽可能使用暖色温）。

3.2 照明设计的优化

为了防止、减轻光污染，首先需要选择良好的光源，其次照明设计应遵循三个原则：一是只照亮需要照亮的地方，避免光溢出；二是使用完全避免向地平线以上或天空发射光的灯具；三是仅在需要时使用室外照明。

3.2.1 光源类型

与光污染密切相关的光源类型参数主要是色度和亮度。为了降低能耗，许多国家正将照明设备更换为发光二极管（LED），然而，LED 灯含有较多的蓝光，蓝光影响人类、昆虫和其他脊椎动物的昼夜节律，很大程度上是因为许多生物对波长较短的光（即蓝光）的感知能力强于对波长较长的光的感知能力。因此，在可能的情况下，应使用低蓝光含量的 LED 灯。

就沿海照明设施而言，在夜间使用红色人造光可能对大多数海洋生物有利，因为这种光波在水中会迅速减弱，不会穿透很远，并且大多数海洋物种对这种波长的光不敏感。然而，对于一些生物例如马蹄蝙蝠而言，无论是蓝光还是暖色光对其负面影响都较大，应尽量避免使用灯光。可见，不同的生物，其光感受器、光生物过程和光相关行为反应存在很大的差异。基于不同波长下生物的光谱响应曲线，可评估光的潜在影响，通过该方法可以帮助选择合适的光源。

在安装灯具时，重要的因素不仅是发出蓝光的数量，还有亮度或者照度水平。Van de Broeck 等人 2021 发表在《Journal of Insect Conservation》的研究调查了光色和亮度对萤火虫择偶的影响，结果显示亮度比光色对择偶的影响更大。因此，夜间人造光源的亮度水平也是最重要的参数之一。

3.2.2　溢光和屏蔽

目前从意大利一些地区生效的光污染防治法律的实施经验来看，真正有效防治光污染的照明设计措施包括：（1）限制光辐射在待照明区域之外的浪费（包含从照明表面反射），即限制溢光，避免过度照明。（2）通过正确选择灯具和适当的照明设计，最大限度地减少灯具在地平线以上的直接光发射。

溢光是指光落在不希望或不需要的地方，有一些技术可以减少或消除这种情况。设计的光学器件可确保只照亮预期区域并非常精确地聚焦，例如只在某个点上发光，或者沿着道路而不是穿过道路照射。对于已安装的照明装置而言，可以使用带有物理屏障或遮挡，以减少光的溢出。使用灯具屏蔽应避免任何光通量高于地平线向上放射，向上发射的总光通量应小于 1%。国际照明工程学会（IES）和国际黑暗天空协会开发了指标 BUG 等级，该指标考虑了背光、强光和眩光，BUG 等级与灯具产生的光量有关，一般而言，BUG 等级越低，灯具溢光越少，引起的光污染就小。

此外，还应考虑阻止内部照明的光溢出。建筑物透明部分应采取遮光措施，可采用百叶窗等屏蔽措施。但现有的屏蔽措施往往不能有效减少人工光的溢出，因为当前的屏蔽措施是基于遮阳设计的，而不是专门用于屏蔽光溢出。

3.2.3　对向上光的限制

光污染的不利影响取决于光发射的方向。灯具的向上光发射和发光表面的向上光反射是光污染的主要源头，这使得光污染在大范围内传播，并且与其他来源产生的污染叠加。因此需要非常准确和最小化地控制固定照明装置的向上发射光，特别是在地平线上的小于 45° 角的光发射。

当夜空被照亮时就会出现天光，这种现象通常来自城市的照明。它可以影响距离人口密集的市中心几千米，甚至几十千米范围的自然环境。例如，在农村地区通常可以看到邻近的城市的天光，并且可以被某些物种感知。许多光敏物种，如鸟类、两栖动物、昆虫和蝙蝠，在没有高水平直接人工光照射的地区，仍然会受到天光的影响。对于空中物种来说，很难区分天光和直接发射的光。

在街道照明规划中已经使用了各种方法来减少能源消耗和眩光。这些方法可以与具体措施一起使用，并可使用参数阈值控制，例如边缘照度比（EIR），其是指行车道边缘内的光线水平与边缘外的光线水平之比，用于有相邻人行道或自行车道的道路，以确保光线水平不产生负面影响。在人行道/自行车道上，同时限制发光强度或每个立体角的光量，可以减少能源消耗，并且使用这些限制可对道路照明进行精准设计，以减少光污染。减少天光的一个更直接的方法是控制向上光通比（ULR）或者向上光输出比（ULOR）。这些措施和指标可以防止或减少天光的水平。例如，在欧盟的道路照明采购中，建议任何道路照明灯具的 ULOR 为 0%。

3.2.4 可调光的自适应照明

将灯光调暗或关闭，以防止或减轻人工照明对夜间或黄昏时物种的负面影响，将调节灯光的时间表编入照明系统中被称为自适应照明。灯光应该调暗或关闭的时间，以及持续多长时间，将取决于哪些物种是优先考虑的，以及该物种在一年中白天/晚上的哪段时间部分活跃。这类措施已被证明可以减少人工光排放，但是否减少对生态影响需要进行评估。

根据光照水平的不同，调光对光敏感的蝙蝠物种的作用可能有限，但对其他对光不太敏感的夜间物种可能有效。因此，对于光敏物种，推荐的最佳实践预防措施是关闭照明或夜间尽早实施调光。在大多数情况下，光强度对大多数夜间物种影响基本没有阈值数据，安装可调光照明当前仍然是很谨慎的。需要进一步研究以对夜间人工光使用进行精细化调整，使其更有效工作，而不影响生态系统功能。

英国正在采取环境和经济熄灯政策。英国黑暗天空学会（CfDS）建议关闭任何不必要的灯，促进能在正确的时间、正确的地点，使用正确的灯光。可以安装高效、可调的照明装置来替代熄灯政策。采用熄灯政策对周边乡村的影响将降至最低。CfDS 自 1989 年成立以来一直在反对低效照明，控制光污染对野生动物栖息地的破坏、对人体健康的影响，一方面要求采取自适应照明，在不需要照明时熄灯，例如在空旷的停车场中灯。另一方面在真正需要通宵照明的情况下，例如在繁忙的市中心，则应使用最好的、精心控制的照明技术。现在英国多个地方都在午夜关掉路灯，节省了大量资金，并减少二氧化碳排放量。大规模关闭经常会遇到对犯罪率增加的可怕预测，但实践数据显示总体犯罪率并没有增加。在大多数实行熄灯的地区，犯罪率反而下降。例如，英国埃塞克斯郡议会在 2008 年进行了大规模的熄灯试验，试验区的犯罪率实际下降了三分之一。这样的结果并不奇怪，因为安装了路灯是为了帮助人们在黑暗中开展活动，其中也包括罪犯。

3.2.5　智能化、纳米化的照明

智能照明已成为智慧能源和城市概念的一部分。这包括使用 IT 工具支持动态照明管理，这些工具可以利用该地区车辆或步行者的数据独立调整灯具的亮度，可以解决多个问题，如防止视觉干扰，降低能源消耗和光污染的影响。该技术的核心是使用可以检测光强降低的传感器（光依赖电阻，LDR）和可以检测物体位置的被动红外（PIR）运动探测器。

目前正在开发的相关创新和技术，例如自动驾驶汽车，可以在早期阶段将夜间照明纳入其设计中，自动驾驶汽车的 AI 系统可以设计成包含控制装置，以快速有效地调整前灯所需的光线量，并根据所需动态改变光线水平。自动驾驶汽车还可以让乘客下车，然后在没有照明的停车场找到停车位，另外在高速公路上除了紧急情况和出口坡道外不需要照明，这些均可减少人工光的排放。此外，AI 技术在照明行业具有广泛的潜力，可以通过机器学习方法改善建筑物的照明，减少能源使用，并使光线具有与阳光相同的质量。

纳米材料可以成为更好的热导体或反射光材料，研究人员使用柔性碳基片来提高 LED 灯的亮度和效率，开发出被称为有机 LED 灯的新型照明装置。由纳米材料磷制成的半导体被用于制造 LED 灯，其可以将蓝光转换成更温暖的白光，从而制造出蓝光成分少的 LED 灯。

3.3 人工光阈值

国际照明委员会（CIE）公布了《室外照明设备的干扰光限制指南》（以下简称“CIE 150：2003”），标准给出了环境分区、指定方向最大光强、最大垂直照度、发光面的平均亮度的最大容许值、上方光通量比的最大容许值等限值要求，各国基于此制定了本国干扰光法规及标准要求。2017 年，CIE 发布了《室外照明设备的干扰光限制指南》第 2 版（以下简称“CIE150：2017”）。为了根据地区亮度、人口以及城市开发状况抑制干扰光，除了 CIE150：2003 中的环境区域 E1 到 E4，在 CIE150：2017 中添加了一个新的环境区域，光环境类型 E0 区，即基本是黑暗的区域。属于 E0 区包括联合国教科文组织的星光保护区、IDA 暗夜公园、研究重点光学天文台等，设定了严格的指导值，指定方向的最大发光强度值在熄灯之前甚至都是 0，要求对于研究重要的光学天文台，圆周 100 千米内的所有位置都必须遵循 E1 或 E0 建议，日本很难找到这样的 E0 区域，当前日本仍然是 4 个区域。在 CIE150：2017 中给出了指定方向的最大发光强度值是以灯具的发光面和观察距离为参数，较难以评估，一些国家如日本仍用 CIE150：2003 中的值。CIE150：2017 中的上射光通比（ULR）比 CIE150：2003 严格了一个等级；照明对天光的影响，不仅需要考虑来自照明器具的直接光，还需要考虑从地面向上空的反射光的影响，在 CIE150：2017 中，作为评价该影响的照明参数，新定义了扩展上射光通比即向上光输出比（ULOR）并给出了限值要求。

第四章
全球光污染防治立法概况

光污染防治立法能够促进照明习惯的改变，从保护生态环境和节能等方面指导夜间户外照明的进步和发展。一些国家和国际组织给出了光污染立法先例和指导文件，欧盟环境署与欧洲人类健康与环境中心 2022 年发布的报告《欧洲光照照明的回顾和评估》对人工照明的立法进行了回顾。国际暗夜天空与照明工程协会提出防治光污染的照明条例模板。这些措施在战略上和利益相关者的投入结合起来实施，对光污染起到了有效控制。在制定光污染防治的法律方面，各国使用的方法不同，一些国家将光污染防治要求纳入现有法律中，另一些国家则单独制定光污染防治法律。在立法要求上，一些国家坚持对各种照明装置进行分类管控并制定严格的限值，而其他国家则依赖于控制时间和技术进步。本章分别对不同的类型介绍全球光污染防治立法整体情况。

4.1 欧盟光污染防治法律概况

4.1.1 整体情况

欧盟层面在监督和管理光污染方面发布了一系列规定，旨在减轻光污染对人类健康、生态系统和生物多样性的负面影响，包括：（1）欧洲生态设计指令和能源标签指令：这些指令确保了照明设备的能源效率，但没有直接针对光污染给出具体规定；（2）欧洲绿色协议和零污染行动计划：光污染被列为优先目标，旨在保护人类、动物和生态系统，并减少环境风险；（3）欧盟行动计划：该计划旨在到2050年将空气、水和土壤污染降低到对人类健康和自然生态系统无害的水平，这也包括对光污染的控制；（4）欧盟绿色公共采购（green public procurement，GPP）；（5）《生物多样性战略》。

2016年欧盟委员会通过其联合研究中心发布了GPP《新的街道照明和交通灯》。这是一个非约束性文件，提供了减少光污染的建议，并鼓励将交通和公共街道的光线水平降至最低。GPP 推进夜间环境保护工作，几乎容纳了所有主要参数，以使得夜间照明对环境影响尽可能低。要求使用 ALARA（合理可行尽量低）方法使用尽可能低的照明水平；要求安装条件下向上光通量为零；提出进一步限制侵入性光线和眩光；将色温限制为3 000 K，最好将色温控制为2 700 K；为了限制蓝光含量，还引入比色温更好地量化蓝光含量的参数 G 指数；规定照明设备的最低效率参数（在蓝光含量低的情况下可不使用该参数）。总之，降低公共照明对环境影响的可概括为：向上通量为零，照明水平最低，光通量减少、蓝光控制。

2021年6月，欧洲议会在全体会议上决定通过《生物多样性战略》，文本中有两个非常重要的地方提到了光污染。首先是承认光污染改变了人类、动物和植物的自然夜间光水平，从而对生物多样性产生负面影响，损害动物的迁徙、夜间和繁殖活动，也导致昆虫和传粉者被日益强大的光源吸引，而且通常没有任何屏蔽。其次，欧洲议会要求欧盟委员会到2030年减少室外人造光作为目标，就成员国如何减少夜间人造光提出最佳措施。

根据欧盟环境署与欧洲人类健康与环境中心 2022 年发布的报告《欧洲光照照明的回顾和评估》，欧盟各国光污染防治立法主要包括如下三种类型（详见表 4-1）：（1）有国家层面的法律，例如捷克共和国和斯洛文尼亚，已经实施了具体的法律来减少光污染。（2）有地方或区域法律，例如意大利和西班牙的某些地区，已经采取了地方性法规来限制光污染。（3）基于现有法律框架，制定光污染防治政策、指南。一些国家如爱尔兰和奥地利，虽然没有具体的法律，但已经发布了关于光污染的指导手册和建议。这些措施体现了欧盟对光污染问题的认识和应对策略，尽管在执行力度和具体措施上各国存在差异，但整体上欧盟正朝着减少和管控光污染的方向努力。

表 4-1　欧盟成员国光污染的法律法规政策情况

国家	立法[1]	标准	手册[2]	其他[3]
奥地利	×	√	√	√
比利时	×	√	√	√
保加利亚	×	√	×	×
克罗地亚	√	×	×	√
塞浦路斯	×	×	×	√
捷克	（√）	（√）	√	√
丹麦	（√）	×	√	√
爱沙尼亚	×	×	×	√
芬兰	（√）	×	（√）	×
法国	√	×	×	√
德国	√	×	√	√
希腊	√	×	×	√
匈牙利	（√）	×	√	√
冰岛	×	×	×	√
爱尔兰	×	×	√	√
意大利	√	√	×	×
拉脱维亚	√	×	×	√
列支敦士堡	×	×	×	√
立陶宛	×	×	×	×
卢森堡	×	×	√	√
马耳他	√	√	（√）	√
荷兰	（√）	×	√	√
挪威	×	×	√	×
波兰	×	×	×	√
葡萄牙	×	×	√	√
罗马尼亚	×	×	×	√
斯洛伐克	（√）	×	×	√
斯洛文尼亚	（√）	×	√	√
西班牙	√	×	√	√

续表

国家	立法 [1]	标准	手册 [2]	其他 [3]
瑞典	√	（√）	√	×
瑞士	（√）	√	√	√
英国	√	×	√	√

1 √是指有针对光污染的指定立法（在地方/区域/国家层面）；（√）是指没有针对光污染的指定立法，但可以适用其他立法行为的规定；×指没有针对光污染的立法。
2 √指该国已发布正确照明指导手册；（√）指正在制定指导手册；×表示无手册。
3 其他是指黑暗天空地区等具体项目

欧盟各国光污染防治法规中采取的有效光污染防治措施包括：（1）法律规定应适用于整个辖区范围，而不限于“保护区域”，因为光污染的传播距离很远。（2）法律规定需要明确适用于任何新的公共和私人照明装置。（3）应限制照明表面反射造成的光污染，禁止过度照明，并在适当的时间尽可能关闭照明。当存在安全标准规则时，平均亮度或照度不应超过安全要求的最小值（例如道路、步行区域、功能区域）。对于其他类型的照明，应允许最大亮度为 1 cd/m^2（例如建筑照明）。（4）灯具在地平线以上任何方向产生的直接向上发射的限制。直接向上发射限制的参数可以选择照明装置发出的每单位通量的光强度，以 cd/klm 为单位，应严格限制地平线以上小角度（<45°）的发射光。（5）对于任何类型的照明装置，在地平线以上的任何方向（≥90°），灯具的直接向上光发射应限制为每 1 000 lm 的灯具发射光通量为 0。在实践中允许 0.49 cd/klm 的误差，因为限值是以整数形式给出，测量值可以近似为最接近的整数。（6）建筑物和纪念碑应该从上到下照明，并且满足上述向上照明限制要求，除非证明从上到下的照明是难以实现的，在这种情况下，应该允许从底部照明，但光束的边界应保持在照明表面的边界内。（7）大面积照明装置应符合上述第（5）条的限制要求。（8）应使用更高效率的照明产品，以节省能源并减少照明区域外的光污染。（9）禁止使用向上定向的光束、标识和类似的发光标志，这些会分散汽车驾驶员的注意力并危及道路安全。（10）不合规安装的惩罚应与固定装置的数量成正比。（11）要求对现有产生大量光污染或属于严重污染类别的设施进行改造。（12）任何照明装置都必须由专业照明工程师进行照明设计（少于 5 个灯具的低功率家庭装置除外）。

此外，欧盟各国法律层面还可规定如下要求：（1）任何一个市辖区的公共和私人夜间户外照明安装光通量的年增长率不能超过 2%；（2）任一市辖区公共和私人夜间户外照明用电量的年增长率不超过 1.5%；（3）应尽可能精确地将照明装置发射到被照明表面外的向下通量的比例降至最低。

4.1.2　国家层面立法

法国是欧盟国家光污染防治法律法规最为齐全的国家之一。在其环境法典中设置专节《光污染防治法》，规定了立法目的“为了防止或限制人造光的排放对人和环境造成的危害或过度干扰并限制能源消耗”；要求成立协会以制定标准规范；提出激光使用的禁止性规定；针对特定区域“自然空间以及天文观测站点”提出较严格的要求；针对照明广告和照明标志，环境法典专门设置章节《广告、标志和预标志》进行管控。为了确保法律有效实施，2018 年法国生态和包容性转型部还颁布实施了条例《关于预防、减少和限制光污染的法令》，该法令是一项具有约束力的高标准国家政策；它规定了各种场所的照明的要求，包括公共和私人街道、公园和花园、教堂和纪念碑、体育设施和停车场或非住宅和工业建筑等；提出了照明时间要求、灯具发出的光在水平面以上的比例限值、安装灯具的光通量限值、特殊区域的色温限值等具体要求。法国法律的一个重要方面是严格的照明宵禁，禁止在凌晨照亮工业设施，并要求在最后一名员工离开办公楼后一小时关闭所有外部照明。这些政策于 2019 年开始逐步实施，并计划到 2025 年全部强制性实施。

2002 年，捷克共和国成为欧盟中第一个拥有减少光污染的国家政策的国家。其在《清洁空气法》中给出了光污染的定义，光污染定义为人工光分散到不应该被照亮的区域，尤其是往地平线以上发射的光；要求设置路灯屏蔽和改变照明安装，以减少向上光辐射。如果违反该法律，可判处高达 3 160 欧元的罚款。然而，光污染的内容在该法的修正案中被删除。2017 年，捷克《自然和景观保护法》修订时，严格规定了国家公园引入光源的条件，以防止光污染。为了落实《环境影响评估法》（2001），颁布实施了《预防和减少光污染的方法指南》（2020 年）。自 2017 年以来，减少光污染已被纳入国家对照明系统现代化的财政支持中，针对色温 2 700 K 或更低的照明可获得补贴。2021 年，发布照明手册，包括对公共照明、私人照明设施以及建筑照明装置的建议。根据照明手册，捷克宣布了 4 个黑暗的天空地区，包括比斯特里卡、马内廷斯卡、吉泽斯卡和贝斯基德斯卡，这有助于提高光污染防治意识。

克罗地亚于 2019 年出台了《防止光污染法》，法律内容包括新的照明管理标准、与过度照明系统相关的限制以及照明装置建设、维护或重建中应包含的程序。根据《防止光污染法》第 9 条，经济和可持续发展部于 2020 年制定实施了《关于照明区域、允许照明值和管理照明系统方法的条例》（NN 128/2020），规定了强制性照明控制方法和条件、照明区域、保护措施、最大允许值、灯具选择和安装条件、能效标准、CCT 最大允许值和环保灯的使用。根据《防止光污染法》第 12、13 条，经济和可持续发展部制定《关于户外照明建设和重建计划内容、格式的条例》。根据《防止光污染法》第 10 条，环境部制定《关于环境照明测量和监测的条例》。

4.1.3 区域立法

意大利被认为是拥有最古老的光污染区域政策的国家，威尼托地区法是意大利执行的第一部光污染防治的法律，截至目前已有 15 个地区制定了光污染防治法律。这些法律规定了照明设施的能效，对公共建筑的照明实行宵禁，规定了光排放的阈值，并经常包括教育社区提高公众意识的计划。天文台周围保护区制定严格规定，明确禁止光线超过水平线向上发射。意大利第 No.751 号国家法案（1996 年）提供了有关采购中照明的具体指导方针和标准，以避免不必要的向上照明和减少眩光。此外，意大利制定了光污染防治技术标准《光和照明-外部照明系统-评估光通量向上照射工程数量和计算程序》（UNI10819，2021），以指导照明设计，防止、减轻光污染。

在西班牙，17 个自治区中有 8 个制定了光污染防治法规，包括安达卢西亚、加那利群岛、坎塔布里亚、卡斯蒂利亚和莱奥恩、加泰罗尼亚、埃斯特雷马杜拉、伊列斯巴利阿里和纳瓦拉。在这些地区中，政策鼓励有效利用外部照明，促进自然生态系统的保护，旨在保护天文台周围的黑暗天空，并帮助最大限度地减少不必要的光干扰。加那利群岛政府于 1988 年通过了加那利群岛天文台天文质量保护法，旨在减少光污染的影响。

在比利时的佛兰德地区，1996 年颁布实施关于私人光源光污染防治法。该法是佛兰德环境法规的一部分，旨在减少光污染。措施包括照明装置的类型、拆除照明系统以及调整过时照明的建议。佛兰德政府还监管在道路附近安装 LED 广告牌以确保交通安全，这也对光污染产生了积极影响。2021 年还启动了关于光污染、电力消耗和生物多样性保护的不必要照明的调查工作。

4.1.4　非约束性标准

爱尔兰没有旨在减轻或减少人工光对健康造成的不利影响的具体法律。然而，梅奥黑暗天空公园（Mayo Dark Sky Park）与国际黑暗天空协会合作开发了保护夜间环境的手册，以向公众提供有关光污染的数据和事实。本文件还包括向地方当局提出的有关私人和商业照明安装的建议，制定了指导方针。例如，建议采用低输出、最小散射和暖色的私人照明。此外，还建议在夜间调暗和关灯。2018 年，成立了一个由利益相关者、知识分子、国家公园代表和天文学家组成的小组，称为 Dark Sky Ireland 旨在提高光污染认识。2022 年启动了 Dark Skies For All 计划，以组织有关政策制定、教育和公共宣传的活动。

奥地利是另一个没有在国家层面光污染防治法律框架的国家，通过不具约束力的文件或规范来解决光污染的问题，并且只能在特定情况下通过政府的不同权限执行相关措施。2018 年相关措施发布的《户外照明指南》文件表明，光污染令人担忧，提出包括色温、光通量、照射方向等技术限制，并且给出夜间禁止照明宵禁的要求。

列支敦士登的《环境保护法》将人造光定义为潜在有害污染源，该法是一份具有全国性约束力的文件。但根据该文件，只有在有明确证据表明光排放对公众的安全、经济或福祉产生负面影响时，才会执行阈值水平。环境保护署于 2008 年发布了《列支敦士登的光污染》报告，提醒人们关注人造光的负面影响。

4.2 其他国家光污染防治法律概况

4.2.1 基于严格指标的立法

韩国 2013 年颁布实施《人工照明光污染防治法》。该政策对空间照明、装饰照明、广告照明这三个领域的照明装置进行了规定，并将韩国所有地区分为以下四类光环境管理区：E1（保护自然绿地）、E2（保护生产绿地）、E3（保护住宅区人居环境）、E4（保护半工业和商业区人居环境）。城市市长或州长进行照明环境分区指定时，应考虑土地使用状况、光污染环境影响评估结果，并充分征求公众意见，允许在商业区提供最高的照明水平，同时保护农村地区的荒野及自然生态系统。韩国《人工照明光污染防治法实施令》为每个光环境管理区制定了具体的亮度阈值。如果不遵守规定，地方当局有权根据违法行为的数量处以较高的处罚。

4.2.2 政策结合教育的立法

澳大利亚政府 1997 年在《环境保护法》中最早明确了人造光为污染源之一，对人类和环境健康造成威胁。1999 年的《环境保护和生物多样性保护法》提出了专门指导减轻光污染及其对受威胁物种的不利影响的技术措施方法。澳大利亚采用标准限制户外照明对公众生理和心理干扰。为了同时管理光污染、最大限度提高能源效率并最大限度减少对公众和野生动物的不利影响，提出了一系列照明装置设计要求，给出了各种照明场景商定的限制，并在特定物种的迁徙季节实施宵禁。澳大利亚政策制定者还采取了教育方法，通过宣传教育光污染的负面影响来提高公众意识，增加公众的参与度。

4.2.3 政策纳入现行法律的立法

在英国人造光造成的环境污染问题已经在国家、地区和地方层面得到了很好的关注。在国家层面，政府环境、食品和农村事务部对光污染政策进行跨政府监督管理，其他部门包括住房和社区部门以及交通部门负责具体的光污染的监督。根据 1990 年《环境保护法》，人造光可被视为法定干扰，议会对被认为有害健康或造成干扰发射人造光的个人或企业有权采取行动。个人可以向相关地方当局的环境卫生部门投诉。一些场所如机场、监狱、车站、码头、军事设施等不受法律约束。英国通过规划系统解决光污染影响，制定《国家规划政策框架》（2021 年修订），该框架指出，规划政策和决定应限制人工光造成的光污染对当地、黑暗景观和自然保护的影响。为了支持该框架，已发布了针对地方当局的计划实践指南。2020 年，英国成立了致力于减少光污染的议会小组“黑暗天空跨党派议会小组（APPG）”，包括来自下议院和上议院的所有政党的成员。他们与英国和国外的主要组织、专家和社区合作，确定黑暗天空问题的政治优先事项，讨论照明和规划政策。在成立的第一年，APPG 发布了一项名为“政府十大黑暗天空政策”的光污染防治计划。该计划包括政策建议，旨在更新现有的光污染法律框架，制定新的国家照明标准，并激励支持各层面对黑暗天空的保护。

英国拥有比美国以外任何其他国家都多的经过认证的国际黑暗天空地区，并且拥有欧洲最大的黑暗天空地区。英国黑暗天空委员会（由英国天文协会管理）在支持这些倡议方面发挥了作用。苏格兰的莫法特镇被称为欧洲第一个黑暗天空小镇。英国对抗光污染的众多举措之一是农村慈善机构（CPRE）的年度公民科学活动“Star Count”，自 2011 年以来，每年都有成千上万的个人和团体报告他们可以用肉眼在猎户座看到的恒星数量。根据英国不同地区的结果，CPRE 制作了一张星空地图。2014 年，CPRE 还对英格兰地方当局的照明方法进行一项名为“Shedding light”的调查。

4.2.4　与天文界联合发布的立法

智利在保护夜空方面做了一系列有力的政治努力。早在 20 世纪 90 年代，智利天文学界就对日益严重的光污染持批评态度。特别是在该国北部，大多数天文台所在地，城市正在发展，同时照明装置也不断增加，使得对天体的观测变得越来越困难。智利经济部于 1998 年制定了第 686 号法令，关于减少向上光排放的户外照明的法规。此外，还成立了北智利天空质量办公室（OPCC）。目前，智利政府与 OPCC 和国家天文学会（SOCHIAS）合作，经常更新光污染法规，以保持智利良好的夜空环境。为了控制 LED 广泛使用导致的光污染，环境部于 2014 年通过第 43 号法令，以避免夜空亮度增加，该法令严格规定了广告、工业和娱乐场所照明系统的安装，禁止在水平方向以上的光发射，并且只允许小部分的蓝光使用。

4.3 组织机构光污染防治立法建议

4.3.1 照明条例模板

国际暗夜天空（IDA）和照明工程协会（IES）提出的照明条例模板，详见附件 1。本条例旨在就户外照明制定条例，允许使用不超过 IES 建议措施中规定的夜间安全、公用事业、保安、生产力、娱乐和商业的最低水平的户外照明，旨在减少照明对照明场外的不利影响，减少光污染，降低亮度，改善夜间天文观测环境，保护自然环境免受夜间照明的不利影响，最大限度地节约能源和资源。

进行照明分区并制定对应的照明限制。照明分区包括：LZ0：无环境照明需求区域，照明将严重影响自然环境的区域。LZ1：环境照明需求低区域，照明可能对动植物造成不利影响或干扰区域特征的地区。LZ2：环境照明需求适度的人类活动区域，居民和使用者的视觉适应适度的光线水平。LZ3：环境照明需求中等强度的人类活动的区域，居民和使用者的视觉已适应中等强度的光线水平。LZ4：环境照明需求高的人类活动的区域，居民和使用者的视觉适应高强度光照。根据不同的照明类型包括非住宅照明、住宅照明、经特别许可的照明以及现有照明分别制定不同区域对应的限值要求。

4.3.2　光污染防治行动

英国黑暗天空跨党派议会小组（APPG）组织 170 多名学者、法律专业人士、国家公园协会、专业和业余天文学家、地方和国家政府成员、照明专业人士、工程师和企业等制定了“政府十大黑暗天空政策”的光污染防治计划。为了彻底改变光污染防治现状，该政策建议采取下文所示的十项行动，更新现有的法律框架，修订户外照明规定，激励各层面采取光污染防治措施。

1. 更新现有的法律框架

需要通过立法来保护黑暗天空和夜间景观：

（1）在国家法律政策规划中增加光污染防治内容。

（2）将光污染防治纳入现有的室外照明法规中。

（3）为地方当局提供有效的光污染防治方法。

2. 修订户外照明规定

修订完善户外照明装置规定，防止、减轻光污染。

（1）设立一个法定机构来惩罚违规行为并授权地方当局和议会执行法规。

（2）制定照明亮度和色温标准。

（3）制定照明方向和密度标准。

（4）制定最佳实践“暗夜时间”，与社区、照明专业人员和当地警察协商后，可以调暗或完全关闭各类照明。

3. 激励国家、地方和个人层面的光污染防治

为保护黑暗天空制定明确的激励措施，并教育普及光污染的影响。

（1）任命生态环境部门跨部门控制和预防光污染防治职责，监督实施黑暗天空有关的规划和环境政策。

（2）地方政府通过创建暗夜城镇，防治减轻光污染。

（3）与教育和文化机构以及非政府组织合作，提高公众光污染防治意识。

第五章
美国光污染控制

在美国有23个州、哥伦比亚特区和波多黎分别制定了减少光污染的法律。一些州为了促进节能，提高公共安全、美学价值和天文研究能力，颁布的“黑暗天空”立法。一些城市的市政当局也积极处理这个问题，将光污染条例作为分区法的一部分。科罗拉多州的法律要求安装新的户外照明设备时需要考虑成本、节能、减少眩光、尽量减少光污染，保护自然夜间环境，当输出大于一定量的流明时，必须全面禁止，加州法令法典规定了户外照明标准，佛罗里达州制定《全州照明示范条例》旨在指导地方政府制定保护海龟孵化的政策，国际暗天空组织和美国照明工程协会共同提出《照明条例示范》（附件1），供各个城市参考以制定条例防止、减轻光污染。

5.1　美国州层面的光污染控制要求

美国州层面的光污染立法如表5-1所列，大多数州法律仅限于安装在州内的建筑、设施或公共道路上的户外照明设备。最常见保护黑暗天空的立法要求包括：安装灯具确保向上发光通量尽量低；使用低眩光或低功率照明；用完全屏蔽的照明设备替换非屏蔽的照明设备；要求规定某些照明的使用时间等。

亚利桑那州的光污染法可以追溯到1986年，法律规定，除紧急情况、建筑和机场导航照明外，所有户外照明设备必须完全或部分屏蔽。在午夜到日出之间使用自动装置熄灭。有些法律更具体，例如，在科罗拉多州，安装新的户外照明设备需要考虑成本、节能、减少眩光、尽量减少光污染和保护自然夜间环境，当输出大于一定量的流明时，必须使用“全屏蔽”模式。其他一些州则设法鼓励在地方一级采取此类措施。例如，新罕布什尔州就把保护黑暗的天空作为乡村特色的优先事项。为此目的，州法律鼓励市政当局通过法令和条例，以节约能源和尽量减少光污染。海滨照明对鸟类和海洋生物的影响也是许多沿海州关注的问题。例如，在佛罗里达州制定《全州照明示范条例》，指导地方政府制定保护孵化海龟的政策。

美国从州层面没有给出光污染控制的定量要求。

表 5-1 美国减少光污染的州法律

序号	州	法律章节	相关规定
1	亚利桑那州	亚利桑那州修订法规第 49 篇-环境第七章光污染§49 §§49-1101 至 49-1105	要求所有户外灯具完全或部分屏蔽，但 150 W 或更低的白炽灯灯具和其他 70 W 或更低的光源除外。应急和建筑照明以及机场导航照明除外。在午夜和日出之间通过自动装置熄灭灯光
2	阿肯色州	阿肯色州法典第 8 章-环境法第 14 章-屏蔽户外照明法（§§8-14-101—8-14-107）	要求使用公共资金安装的户外照明设备必须进行屏蔽，除非市、县或公用事业单位确定购买屏蔽设备的成本过高。要求每个电力公用事业公司向客户提供屏蔽照明服务选项。以下情况下本条款不适用：（1）150 W 以下的白炽户外照明灯具或 70 W 或以下的其他光源；（2）州际或联邦主要公路上广告标志上的户外照明灯具；（3）2005 年 8 月 12 日之前已存在并合法安装的户外照明设备；（4）机场的导航照明系统或航空器安全所需的其他照明；（5）对农场、牧场、乳品厂或饲养场或工业、采矿或石油和天然气设施的工人安全必要的户外照明设备
3	科罗拉多州	科罗拉多州法典第 24 篇-政府-州第 82 条-州财产第 9 部分-户外照明设备§§24-82-901、902	禁止使用国家资金在道路上安装或更换永久性户外照明灯具，除非（1）考虑成本、节约能源、减少眩光、最大限度地减少光污染和保护自然夜间环境；（2）使用足以达到预期目的的最低照度时，应考虑公认的标准，包括但不限于北美照明工程学会（IESNA）采用的推荐做法；（3）当输出超过 3 200 lx 时，使用全屏蔽遮挡；（4）无法通过降低速度限制、安装反光标记等方式实现附加光的目的时，使用全屏蔽灯具
4	康涅狄格州	康涅狄格州总法规第 13a 篇-公路和桥梁第 238 章-公路建设和维护第 13a-110a 节-高速公路和道路照明旨在最大限度地节约能源并最大限度地减少光污染	禁止使用国家资金在道路上安装或更换永久性户外照明灯具，除非（1）该灯具的设计旨在最大限度地节约能源和减少光污染，（2）该灯具仅发出预期用途所需的光，（3）当输出超过 1 800 lx 且（4）无法通过降低速度限制、安装反光标记等方式实现附加光的目的时，使用全屏蔽灯具。例外情况可能适用
5	特拉华州	特拉华州法典第 7 篇-保护第 71A 章户外照明监管§7101A、7102A	禁止使用国家资金安装或更换永久性户外照明灯具，除非（1）灯具的设计旨在最大限度地节约能源和减少光污染，（2）灯具仅发出预期目的所需的光，（3）当输出超过 1 800 lx 时使用屏蔽灯具，以及（4）在道路照明的情况下，通过降低限速、安装反光标记等无法达到额外照明的目的。例外情况可能适用

续表

序号	州	法律章节	相关规定
6	佛罗里达州	佛罗里达州法规§161.163；佛罗里达州行政法规§§62b-55.00	包含一项全州照明示范条例，以指导地方政府制定政策，保护孵化海龟免受人工照明的不利影响，全面改善因光污染而退化的筑巢栖息地，并增加成功的筑巢活动和孵化海龟的产量
7	夏威夷州	夏威夷修订法规第 13 篇规划与经济发展 201 商业、经济发展和旅游部 201-8.5 夜空保护战略	（a）从 2014 年 7 月 1 日起，所有国家机构都应遵守本节规定的屏蔽照明灯具要求，除非第（c）至（f）小节另有规定，否则每个发出超过 3 000 lx 的新户外灯具均应被要求完全屏蔽，并具有 4 000 K 或更低的相关色温；前提是人造光对海岸线和海水的影响应遵守第 205A-71 节。当照明设备被屏蔽时，灯具发出的所有光线（无论是直接从灯发出的，还是间接来自灯具的光线）都投射到穿过灯具最低点的水平面下方。 （b）2014 年 7 月 1 日之后不得销售或安装新的汞蒸气灯。 （c）在适用的情况下，现有照明设备的改造工作或更换应用： （1）将发射光的额定相关色温限制在小于或等于 4 000 K，但（d）小节中描述的户外运动设施除外； （2）不受灯更换的屏蔽要求的约束； （3）如果需要更换超过 50%的现有不合格照明设备，则要求安装 100%的全屏蔽照明设备。 （d）对于户外运动设施，最好使用相关色温小于或等于 4 000 K 的全屏蔽照明设备，但不是必需的。如果不使用全屏蔽照明设备，可接受的灯具应包括符合以下条件的照明设备： （1）配备内部、外部或内部和外部眩光控制百叶窗，其安装方式应将直射上射光限制在从已安装灯具射出的总流明的 5%以下，并尽量减少场外光线侵入； （2）安装和维护的最小瞄准角度为与水平方向下降 25°；前提是瞄准角度应从灯具最大光束烛光功率的轴线测量，并经独立测试机构认证。 （e）应根据资本改善项目资金的可用性和适用的联邦、州或县的设计标准或指南，根据具体情况安装用于国家管理的道路和高速公路的全屏蔽替换照明设备。在未使用完全屏蔽的灯具的情况下，可接受的灯具应为部分屏蔽灯，其发光量不超过水平面以上光的 5%，并经独立测试机构认证。 （f）在遵守（c）（3）小节的前提下，应允许使用现有的不合格照明设备： （1）在晚上 11:00 至日出之间通过自动关闭装置熄灭的照明设备； （2）用于国际、国家、州或县锦标赛的户外圆形剧场、棒球场、运动场、游戏场或其他类似的公共或私人娱乐设施；或根据需要结束晚上 11:00 之前在圆形剧场、棒球场、游乐场、游乐场或类似娱乐设施进行的任何娱乐活动、体育赛事或其他相关清理活动。 （g）以下光源应不受本节的约束： （1）发射 3 000 lx 或更低的光源，相当于配备额定功率为 150 W 或以下的白炽灯的照明灯具，以及临时装饰节日灯； （2）军队、国民警卫队、警察、消防员、惩教、医疗或危险材料缓解人员或其他应急响应人员在紧急情况下使用的应急照明； （3）用于建筑物建设、重大改造或公路整治、施工的临时户外照明； （4）用于电影制作和其他允许的活动（如狂欢节和音乐会）的临时户外照明； （5）用于农业作业的临时户外照明； （6）水道、公海和航空器安全所需的导航灯； （7）在 2014 年 7 月 1 日之前合法安装的现有户外照明设备，但须遵守（c）（3）小节的规定；

续表

序号	州	法律章节	相关规定
7	夏威夷州	夏威夷修订法规第 13 篇规划与经济发展 201 商业、经济发展和旅游部 201-8.5 夜空保护战略	（8）为符合与公众健康和安全相关的适用联邦、州或县设计标准或指南所必需的户外照明设备； （9）用于照亮建筑物、纪念碑、雕像、纪念馆、国旗或州旗以及其他选定设施或特征的朝上照明灯具，这些灯具是在 2014 年 7 月 1 日之前合法安装的，或者经独立测试机构认证，将产生 3 000 lx 或更少的流明； （10）由土地和自然资源部历史保护司确定的具有历史财产特征的照明设备翻新、修理或更换实物照明设备。 （h）本节应被视为对任何已通过的县照明条例的补充，不应被解释为取代或修改县照明条例或规则；前提是县条例的限制性不低于本节；本节不适用于人口少于 10 万的县
8	缅因州	缅因州修订法规第 5 篇：行政程序和服务第 4 部分：财务第 153 章：公共改善第 1-A 分章：建筑物节能法案 5§1769 户外照明	任何人不得使用任何国家资金安装或更换任何永久性户外灯具，除非：当灯具的额定输出大于 1 800 lx 时，灯具为全屏蔽灯具；灯具的最大照度不超过美国照明工程学会或联邦交通部为此目的推荐的最小照度；总务局局长确保考虑尽量减少眩光和光线侵入。 只有在以下情况下，才允许本节规定的例外情况：A. 联邦法律、法规和条例优先于这些条款； B. 总务局局长确定存在无法通过任何其他方法解决的令人信服的安全利益
9	马里兰州	马里兰州法规州财政和采购司 II-一般采购法第 14 篇-优先权第 4 节-杂项采购优惠第 14-412 节-州建筑中的节能户外照明灯具	禁止使用国家资金在任何州建筑物的场地上安装或更换永久性户外照明灯具，除非（1）该灯具的设计旨在最大限度地节约能源和减少光污染，（2）该灯具仅发出预期目的所需的光，以及（3）当输出超过 1 800 lx 时使用受限的上照灯灯具。本条不适用于：（1）位于惩教设施的场地上；（2）联邦法规要求；（3）交通部执行的风暴行动活动所必需的；（4）需要照亮州旗或美国国旗；（5）用于标志照明；（6）在照明计划中更换的灯具少于 25%
10	明尼苏达州	明尼苏达州法规第 16A-16E 章—行政和财务第 16B 章—行政部第 16B.328 节—户外照明灯具示范条例	要求行政专员与其他机构和有关各方协商，制定一项管理户外照明以减少光污染的示范条例，该条例可以适应市、县和乡镇的使用。只有在以下情况下，才能使用国家资金安装或更换户外照明灯具：（1）如果新的或更换的户外照明灯具的额定输出大于 1 800 lx，则该灯具是屏蔽灯具；（2）使用足以达到预期目的的最低照度时，应考虑国家公认的标准；（3）对于州公路系统指定高速公路的照明，交通部确定无法通过安装反光道路标记、线条、警告或信息标志或其他有效的被动方法来实现户外照明灯具的目的；（4）充分考虑节能节电，减少眩光，减少光污染，保护自然夜间环境
11	新罕布什尔州	新罕布什尔州修订法规第一章-州及其政府第 9-E 章-户外照明效率第 9-E：3 节-新罕布什尔州黑暗天空政策	禁止使用国家资金安装或更换永久性户外照明灯具，除非（1）考虑最大限度地减少眩光和光线侵入，（2）灯具发出的光量仅达到北美照明工程协会或联邦公路管理局为此目的推荐的光量，（3）当输出超过 1 800 lx 时使用全屏蔽的灯具。 宣布鼓励市政当局颁布他们认为适当的地方法令和法规，以节约能源，最大限度地减少光污染和眩光，并将黑暗的天空作为乡村特征保留下来，这是国家的一项政策
12	新墨西哥州	2023 年新墨西哥州法规第 74 章-环境改善第 12 条-夜空保护第 74-12-4 节户外灯具的屏蔽	《夜空保护法》对户外照明设备进行监管，以保护该州的黑暗天空，同时促进安全、节约能源和保护天文学环境。2000 年 1 月 1 日之后安装的所有户外照明设备均应进行屏蔽，但 150 W 或以下的白炽灯和其他 70 W 或以下的光源除外。2000 年 1 月 1 日之后，不得销售或安装新的汞蒸气户外照明灯具。除《夜空保护法》规定的其他豁免外，如果在晚上 11:00 至日出之间通过自动关闭装置熄灭不符合这些规定的户外照明灯具，则允许使用该

续表

序号	州	法律章节	相关规定
12	新墨西哥州	2023 年新墨西哥州法规第 74 章-环境改善第 12 条-夜空保护第 74-12-4 节户外灯具的屏蔽	灯具。除国内或国际比赛或结束晚上 11:00 之前在棒球场、户外圆形剧场、竞技场或类似设施进行的任何娱乐或体育赛事或其他活动外，晚上 11:00 之后不得照亮任何户外娱乐设施，无论是公共的还是私人的。以下不受《夜空保护法》要求的约束：（1）洲际公路和联邦主要公路广告标志上的户外照明灯具；（2）在《夜空保护法》生效日期之前存在并合法安装的户外照明灯具；但是，当现有照明设备变得无法修复时，其更换应遵守《夜空保护法》的所有规定；（3）机场的导航照明系统和其他飞机安全所需的照明；（4）农场、牧场、乳品厂、饲养场或工业、采矿或石油和天然气设施中工人安全所必需的户外照明灯具。《夜空保护法》的规定是累积和补充的，不适用于通过法令或决议通过与《夜空保护法》的规定相同或更严格的限制光污染的规定的任何县或市。任何违反《夜空保护法》规定的个人、公司或公司应受到以下处罚：A. 对于初犯，违规者可能会被警告；B. 对于第二次违规或自警告之日起持续 30 天的违规行为，处罚 25 美元减去每个违规固定装置的更换费用
13	内华达州	内华达州参议院法案 SB 52	要求州保护和自然资源部制定一项计划，向该州的某些地点授予暗夜天空称号
14	纽约州	纽约州法律 PBB-公共建筑第 5 条-一般公共建筑 143-照明限制	非满足以下条件，否则在该州运营的任何国家机构均不得安装或安排安装任何新的或更换的永久性户外固定装置： a. 在道路照明或停车场照明的情况下；无论是安装在电线杆、建筑物还是其他结构上，该灯具都是全屏蔽的。 b. 对于并非专门用于道路照明、停车场照明或立面照明的建筑安装灯具，当灯具的初始灯具流明大于 3 000 lx 时，该灯具将被全屏蔽。 c. 在立面照明的情况下，灯具经过屏蔽，以最大程度地减少眩光、天空辉光和光线侵入。 d. 对于装饰性道路照明灯具，灯具允许水平面上方的灯具通过灯具的最低发光部分不超过 700 lx。 e. 对于本条款第 a、b、c 或 d 段所述应用的新型永久性户外固定装置的照明，只能使用不大于预期目的所需照度水平，由总务办公室专员与交通部和纽约州能源研究与发展局协商确定，并适当考虑了照明行业标准和实践。 f. 在道路照明与两条或两条以上街道或高速公路的交叉口无关的情况下，交通部已确定，无法通过安装反光道路标志、线条、警告或信息标志或其他被动方式来实现照明安装或更换的目的。 本条不适用于： a. 如果联邦法律、规则或法规优先于州法律； b. 如果户外照明灯具被紧急救援人员临时使用，需要额外的照明进行紧急程序，或被维修人员临时用于道路维修； c. 航海照明系统以及航空和航海安全所需的其他照明； d. 运动场的照明；但是，所有此类照明的选择和安装应保护灯或灯不被直接看到，并尽可能减少向上的照明和眩光； e. 如果州机构确定存在无法通过任何其他方法解决的安全或安保需求； f. 更换先前安装的永久性户外固定装置，该固定装置已毁坏、损坏或无法运行，因组件故障而出现电气故障，或需要标准维护； g. 用于隧道和车行道地下通道的照明；或 h. 如果购买和操作符合本条款 a、b、c 段的灯具的总成本比在照明系统的使用寿命内购买和操作类似的不合规灯具的成本高出 15%以上，并且如果已做出书面决定并调查结果显示不存在符合成本限制的合规灯具

续表

序号	州	法律章节	相关规定
15	俄勒冈州	俄勒冈州修订法规第11卷-公共卫生、住房、环境第455章-建筑规范第455.573节-户外屏蔽照明设备	在公共建筑上安装或更换灯时，要求使用屏蔽户外照明设备。允许市政当局在确定由于建筑物的历史特征或其他原因而使用屏蔽照明设备不切实际时放弃上述要求
16	罗得岛州	罗得岛州一般法第42篇-国务和政府第42-136章-户外照明控制第42-136-4节-户外照明控制	要求国家机构或为国家机构安装任何新的或更换的永久性户外照明装置，以满足以下要求：（1）考虑节约能源和尽量减少光污染；（2）如果总输出超过3 200 lx，则新的或更换的灯具在90°～180°的区域内允许不超过总流明的2%；（3）灯具发出的预期目的所需的最低光量或建议或法规中规定的光量；（4）应使用反光标记、线条或信息标志代替额外的照明来实现道路照明，除非这些还不够。以下情况应不受该条款要求的约束：（1）联邦法律、法规或法规优先于州法规。（2）消防、警察、救援或维修人员在临时紧急情况或道路维修工作中需要照明的地方。（3）有特殊要求的地方，例如体育设施、历史装饰考虑或国旗照明。所有此类照明的选择和安装应尽可能地将灯或灯屏蔽在直接视线之外，并尽量减少向上的照明和光污染。（4）如果城市地区夜间有大量行人交通，并且有户外照明经验的工程师认为有必要允许安装部分屏蔽照明装置。（5）已确定存在合理的安全和安保利益，而该利益无法通过其他方法解决，而不会增加照明成本或降低照明效果
17	得克萨斯州	得克萨斯州地方政府法典§§240.031	应军事设施、基地或营地指挥官的要求，县可以通过命令来规范在该县任何未建制领土的军事设施5 mile（1 mile＝1 609.344 m）范围内安装和使用户外照明。该命令的设计必须防止使用干扰军事训练活动的户外照明。该命令可以要求在安装某些类型的户外照明之前获得县的许可，禁止某些类型的户外照明与军事活动不相容，设立费用以支付管理该命令的费用，制定户外照明屏蔽的要求，并规定可以使用某些类型的户外照明的时间。受该法律约束的县是指人口超过100万且至少有5个军事基地的县，以及与该县相邻且距离设施、基地或营地5 mile以内的任何县。该法律也适用于某些天文台
		得克萨斯州法规健康与安全法典第5章-卫生和环境质量 副标题-光污染 第425章-某些户外照明的法规	只有在以下情况下，才能使用国家资金安装、更换、维护或操作户外照明灯具： （1）如果新的或更换的户外照明灯具的额定输出大于1 800 lx，则该灯具是屏蔽灯具；（2）使用足以达到预期目的的最低照度时，应考虑国家公认的标准；（3）对于州公路系统指定高速公路的照明，得克萨斯州交通部确定无法通过安装反光道路标记、线条、警告或信息标志或其他有效的被动方法来实现户外照明灯具的目的；（4）充分考虑节能、减少眩光、减少光污染和保护自然夜间环境。 在以下情况下，不适用： （1）联邦法律、规则或法规优先于州法律；（2）户外照明灯具是临时使用的，因为应急人员需要额外的照明以用于应急程序；（3）户外照明灯具临时用于夜间工作；（4）特殊事件或情况需要额外照明；（5）所述户外照明灯具仅用于增强物体的美感；（6）存在无法通过其他方法解决的令人信服的安全利益。 可能需要额外照明的特殊事件或情况包括体育赛事和纪念碑、历史建筑或旗帜的照明。必须安装特殊事件或情况的照明，以保护户外照明设备不被直接看到，并最大限度地减少向上的照明和光污染

续表

序号	州	法律章节	相关规定
18	弗吉尼亚州	弗吉尼亚州法典第 2.2 篇-政府管理第 11 章-总务部§2.2-1111	要求州公共机构仅采购屏蔽户外灯具，并在该部门确定表明真正的运营、临时、安全或特定美学需求，或者此类灯具在灯具的生命周期内不具有成本效益时，规定豁免此要求。就本细分而言，“屏蔽户外灯具”是指（i）全屏蔽的户外灯具，以便安装的灯具不会在水平面上方发射光线，或（ii）在垂直角度为 90°～180°的区域内允许不超过灯具总流明的 2%，如果灯具的相关输出大于 3 200 lx。在根据本分部制定法规时，该部门应考虑北美照明工程学会（IESNA）采用的户外照明国家标准。 弗吉尼亚州交通部应根据当前的 IESNA 标准和推荐做法设计所有照明系统。照明系统应使用符合 IESNA 定义的最大限度地减少眩光、光侵入和天光的灯具，同时在照明系统的生命周期内仍以经济高效的方式提供舒适、视觉上有效、安全和可靠的户外环境
19	怀俄明州	怀俄明州法规第 37 篇-公用事业第 16 章-电力公用事业第 2 条-户外照明§37-16-202	所有电力公司都应为公用事业公司提供的户外照明提供关税，为所有电力客户提供选择照明设备的选择，这些设备旨在最大限度地减少光线照亮以外区域并保持黑暗的天空。这些照明设备的费率不得由其他公用事业提供的服务的收入补贴。该委员会对关税具有管辖权
20	伊利诺伊州	伊利诺伊州法典第 720 章刑事犯罪 720 ILCS 655 户外照明安装法	每栋多层住宅的所有者应在建筑物正面入口通道外侧或附近安装并维护一盏或多盏照明灯，对于正面高度不超过 22 ft（1 ft＝0.304 8 m）的建筑物，照明灯的总功率不得低于 50 W 白炽灯，对于正面高度超过 22 ft 的建筑物，照明灯的总功率不得低于 100 W 白炽灯，或同等照明功率，并应在每天日落至次日日出期间保持燃烧。对于正面宽度超过 22 ft 的多层住宅，其前门的总宽度超过 5 ft，则应至少安装两盏照明灯，入口通道两侧各一盏，总照明度为 150 W 或同等照明度。业主应根据实际情况、美观和其他方面的考虑，决定安装这些灯的实际位置、设计和性质，但必须保持最低照明度
21	华盛顿州	华盛顿法典第 70A 篇-环境、健康和安全第 70A.550 章-风能设施-光污 70A.550.020-飞机探测照明系统-安装减光技术系统	华盛顿州议会通过了一项法案，要求新建风能设施遵守州生态部门制定的光污染减缓标准。该标准将在 2025 年 1 月 1 日前制定，并适用于新建和现有的风能设施。（1）除本法案第 3 节规定外，自 2023 年 7 月 1 日起，任何拥有五个或更多涡轮机的新公用事业规模的风能设施不得开始运营，除非该设施的开发商、所有者或运营商向联邦航空管理局申请安装符合联邦航空管理局法规的轻型减排技术系统，截至 2023 年 7 月 23 日。如果获得联邦航空管理局的批准，此类公用事业规模的风能设施的开发商、所有者或运营商应在获得此类批准后 24 个月内在批准的涡轮机上安装减光技术系统。如果未经联邦航空管理局批准，则此类公用事业规模风能设施的开发商、所有者或运营商不受本章的约束。 （2）除本法案第 3 节规定外，从 2028 年 1 月 1 日开始或重新供电完成后，以较早者为准，任何拥有 5 个或更多涡轮机的公用事业规模风能设施的开发商、所有者或运营商，如果已开始运行，但没有飞机探测照明系统，应向联邦航空管理局申请安装和运营照明技术系统，以实现与飞机探测照明系统，并符合自 2023 年 7 月 23 日起生效的联邦航空管理局法规。如果获得联邦航空管理局的批准，此类公用事业规模的风能设施的开发商、所有者或运营商应在获得批准后的 24 个月内在经批准的涡轮机上安装减光技术系统。如果未经联邦航空管理局批准，则此类公用事业规模风能设施的开发商、所有者或运营商不受本章的约束。 （3）公用事业规模风能设施的开发商、所有者或经营者应遵守县立法机构根据本法第 3 节通过的任何风能条例。 （4）本节中的任何内容均不要求以与联邦要求（包括联邦航空管理局或美国国防部的要求）相冲突的方式减轻光污染

续表

序号	州	法律章节	相关规定
22	哥伦比亚特区	哥伦比亚特区法典第 8 篇-环境和动物控制与保护第 17P 章-智能照明§8 - 1776.02 智能照明研究	指导编写一份报告，为哥伦比亚特区的最佳照明方法和水平推荐策略和标准。该报告必须包括对国际黑暗天空协会等倡导的标准的分析。编写报告时，应（1）咨询具有技术专长并为规划办公室、总务部、住房和社区发展部、地区交通部、大都会警察局、消防和紧急医疗服务部以及适当的联邦当局（包括总务管理局、国会大厦建筑师）工作的公务员；（2）征求公众意见和国家首都规划委员会；（3）评估公认的照明标准，包括照明工程学会和国际黑暗天空协会颁布的标准
23	波多黎各	波多黎各法律第十二篇 - 保护（§§1-16 — 8162）子标题 8-环境二（§§8001—8162）第 503 章-光污染控制和预防计划（§§8031—8038）	根据户外和特殊区域的照明特性，为户外和特殊区域建立了以下分类： （1）第 1 类：黑暗区域——用作公园、保护区、自然保护区、州立森林的区域，以及很少或没有户外照明的农村、郊区或城市地区。 （2）第 2 类：低环境照明——郊区和农村低密度住宅区。 （3）第 3 类：中等环境照明——城市住宅区。 （4）第 4 类：高环境照明——具有夜间活动的高密度城市住宅或商业区。 （5）特殊类：别克斯岛区——别克斯岛市的所有领土区域，以保护蚊子生物发光湾。 （6）特殊类：La Parguera Zone.——一个特殊区域，由半径为 5 mile 的区域组成，包括 La Parguera 生物发光湾，以保护它。 （7）Cabezas de San Juan 区的特殊等级——一个特殊区域，横跨 Laguna Grande 周围 5 mile 的区域。 （8）特殊类：海龟使用的海滩区域 海龟在每年迁徙到我们的海岸时用作筑巢和产卵地点的所有沿海地区。 波多黎各政府关于道路、街道、高速公路和人行道公共照明的公共政策，今后应旨在提供有效、充足和高效的照明，同时避免过度照明。不得使用公共资金安装或更换户外公共照明设备，除非：（a）灯具的设计旨在提高能源效率，同时最大限度地减少光污染、眩光和光线侵入；（b）要照亮的表面的照度水平（以英尺烛光为单位）应为美国绿色建筑委员会的 LEED 工具规定的足以达到预期目的的最低必要水平，该文书基于 ASHRAE/IESNA 90.1 标准；（c）特殊类别和 1 类别区域的所有公共灯具制定了以下标准： （1）除非安全原因不允许，否则任何路面的照度水平应为 IESNA 确定的平均设计值的 1/4，或 0.6 ft 烛光，以最低者为准。 （2）任何可以从海湾、海滩或潟湖看到的公共灯具的上照灯截止处应与其垂直轴成 70°，并且其方向（定向）应使其无法从中心或海岸感知。出现安全理由时，应例外。 （3）位于等级区内的现有体育公园的灯具应使用全屏蔽灯罩，以引导光线并消除眩光和向上照明。对于新公园，照明应朝向游乐区，不能穿透游乐区外超过 10 m 的区域，也不能发射超过从其垂直轴测量的 90° 角度的光线 （5）不得使用白炽灯、金属卤化物灯或汞蒸气灯

5.2 美国城市光污染控制要求

美国控制光污染标准限值也在法规中给出。以下调研了加州几个城市的光污染控制要求。表 5-2 给出了美国多个城市的光污染控制限值要求。

5.2.1 加州《Adelanto 分区条例》

光（条例 17.90.040）

除使用小于 75 W 灯泡的住宅照明设备外，以下内容应适用于所有户外照明设备：

（1）所有现场照明应节能、固定，并远离相邻财产和公共道路；

（2）灯具须加上遮光罩，使灯具底部的水平面上方不发光；

（3）灯具应屏蔽，以确保大于 0.5 ft 烛光（照度单位）的光线不会溢出到邻近的物业和通行道路上。测量位置在邻近的物业和通行道路边界上。

5.2.2 加州《Corona 市政法规》

眩光（法规 17.84.070）

应进行电弧焊，乙炔割炬切割或类似工艺产生的眩光，以使从财产边界以外的任何地方都看不到。外部照明的所有区域均应设计成将光向下引导，同时尽量不向邻近住宅，敏感的土地利用和开放空间溢出。

5.2.3 加州《Gridley 市政法规》

眩光（法规 17.74.090）

不允许直接或天空反射的眩光，无论是来自泛光灯或高温过程，如燃烧或焊接或其他，而使得在地块线可见。本法规不适用于本编允许的停车场标志或泛光照明。

5.2.4 加州法令法典 La Mirada 市

光和眩光（法典 21.70.070）

（1）目的。本节规定了户外照明标准，旨在平衡照明的安全和安保需求，同时努力减少光线侵入和强光对周围财产的损害，特别是对住宅用途的影响。

（2）豁免。下列事项不受照明规定的限制：

① 与获发临时使用许可证的临时活动有关的户外灯。

② 公共公园、学校场所的户外照明，晚上 11:00 至早上 6:00 关闭娱乐活动和特殊活动的户外照明。

③ 节日装饰用临时灯。

④ 地方、州或联邦机构为官方目的而架设的应急照明。

（3）独户住宅物业的户外照明标准。独户住宅发展项目准许使用户外照明，以遏制犯罪和提高居民的安全，为确保光的强度和方向不会对邻近住宅造成损害，户外照明应在晚上 11:00 至早上 6:00 之间进行运动检测，或以不会对邻近住宅造成损害的方式进行定向和屏蔽。

（4）住宅物业以外的户外照明标准。停车场、车道、行人走道及建筑物出入口，须在营业时间内为保安及安全目的而照明。除另有豁免外，户外照明应设置屏蔽，使户外照明设备发出的光投射到穿过照明设备的假想水平面以下。如果户外照明设备的光源在建筑红线外可见，应要求屏蔽以减少眩光，以便从任何住宅单元内看不到光源。

（5）禁止照明。以下户外照明设备须予禁止。在本分区条例生效日期前合法准许或授权的现有照明设备可予维持。

① 上照和背光的雨棚。

② 探照灯，临时使用许可证授权的特殊或临时活动除外。

③ 闪光灯，与安全报警系统一起使用的除外。

④ 车顶灯。

⑤ 任何模仿交通信号灯或其他必需的安全或应急灯或对其造成视觉干扰的灯。

5.2.5　加州法令法典 Monrovia 市

光（法典 17.32.080）

为照亮私人财产而设置的照明，其布置须使其能反射出毗邻财产或任何公共道路，并须使其布置不会对公路交通或生活环境造成干扰。

眩光（法典 17.32.090）

眩光无论是由泛光灯、高温过程（如燃烧或焊接）或其他过程产生的直接或反射眩光，均不得从产生眩光的财产边界线可见。建筑物或游戏场地的天空反射眩光，须以切实可行的合理方法加以控制，以使天空反射光不会对人造成不便或烦扰，或干扰财产在其发生的区域内及周围的使用及享用。

5.3 美国光污染控制标准体系

由美国州和城市光污染控制要求可知，大部分城市采用的是行为控制的方法约束光污染的排放，并给出定性的标准要求。表 5-2 给出了其他 10 个城市的

表 5-2 其他州城市的光污染控制限值

城市及所在州	相关规定
Zanesville，OH Lakemoor，IL	任何操作不得产生在住宅区内测得大于 0.5 ft 烛光的直接或间接照明
IL	（A）不得在城市内进行任何土地使用或其他活动，以使光源的直接和间接照明在住宅分区内的任何点造成的照明超过 0.5 ft 烛光（在地块线水平测量）。然而，当街道照明在住宅区的某一点产生的照明超过 1 ft 烛光时，非住宅区内任何光源在同一点测量的贡献不得超过街道照明的百分之五十（50%）。 （B）应控制或屏蔽闪烁或强烈的光源，以免穿过地块线
Zanesville，OH	在任何住宅区内，任何操作均不得产生大于 0.5 ft 烛光的直接或间接照明。照明源的定向、遮蔽、遮蔽或其他布置，不得在周围物业产生眩光
Mayer，MN	直接或反射的眩光，如泛光灯、聚光灯或高温过程产生的眩光，以及与一般照明不同的眩光，不得在任何建筑红线的起始位置以外可见。任何用于外部照明的照明（包括街道外停车场）应远离邻近的物业
Beverly Shores，IN	特别用途区规定的标准外，在晚上 11 时至上午 6 时的期间内，任何操作不得在住宅区内离街道线 40 ft 的地方造成超过 0.05 ft 烛光的照明
Kirkland，IL	在所有制造区，任何产生眩光的操作或活动的进行，须使在住宅区测量时，来自光源的直接或间接光不会造成超过 0.5 ft 烛光的照明
Willowbrook，IL	（B）所有区域的标准：任何产生眩光的操作、活动或其他照明源的进行，应确保来自光源的直接和间接照明不会在任何住宅区或公共道路上造成超过 0.5 ft 烛光的照明
Lake Saint Croix Beach，MN	在所有地区，任何用以照亮街道外停车区或其他构筑物或区域的照明，其布置须使光线偏离任何毗邻的住宅区或公众街道。直接或天空反射的眩光，无论是来自泛光灯还是来自燃烧或焊接等高温过程的眩光，均不得直接射入任何相邻财产。应遮盖或控制光源，以免照亮邻近的财产。鉴于邻近的财产或公共通行权，不允许使用裸灯泡。在公共街道上照明的任何灯光或组合灯光不得超过从该街道中心线测量的 1 ft 烛光表读数，也不得超过在住宅地产上照明的任何灯光或组合灯光超过 0.4 ft 烛光

光污染控制的定量限值，这些限值的测量位置均在敏感点处，可见，美国的光污染采用控制标准限值进行管控。

此外，美国照明工程协会（IES）给出了光污染控制的技术规范和监测标准，包括《通用照明（白色）发光二极管（LED）技术应用指南》（IESG210）、《使用积分球光度测量灯的总光通量的批准方法》（IES LM7817）、《通用白炽灯丝的电学和光度测量》（IES LM4515）、《荧光灯的电气和光度测量》（IES LM909/R17）、《大功率 LED 的电气和光度测量》（IES LM8514）、《单基荧光灯的电气和光度测量》（IES LM6614）等。此外，美国国家标准学会（ANSI）给出了光的测量方法。

可见美国的光污染控制标准体系应该包括：控制标准、技术规范和监测标准。

第六章
法国光污染控制

法国是欧盟国家光污染防治法律法规最为齐全的国家之一。在其环境法典中设置专节《光污染防治法》和《广告、标志和预标志》。为了确保法律有效实施，2018 年法国生态和包容性转型部还颁布实施了条例《关于预防、减少和限制光污染的法令》，该法令是一项具有约束力的高标准国家政策。法国构建了光污染防治重要制度体系。

6.1　法国光污染防治概括

法国在环境法典中设置专节《光污染防治法》，规定了立法目的“为了防止或限制人造光的排放对人和环境造成的危害或过度干扰并限制能源消耗”；要求成立协会以制定标准规范；提出激光使用的禁止性规定；针对特定区域“自然空间以及天文观测站点”提出较严格的要求；针对照明广告和照明标志，环境法典专门设置章节《广告、标志和预标志》进行管控。为了确保法律有效实施，2018 年法国生态和包容性转型部还颁布实施了条例《关于预防、减少和限制光污染的法令》，提出了照明时间要求、灯具发出的光在水平面以上的比例限值、安装灯具的光通量限值、特殊区域的色温限值等具体要求。

此外法国还有一系列法律法规涉及光污染防治，详见表 6-1。

表 6-1　法国光污染防治法律法规

相关法律法规	与光污染相关的规定
环境法典第 L.583—1 条至 L.583—5 条光污染防治立法部分以及第 R583－1 至 R583－7 条监管部分	为了防止或限制人造光的排放对人和环境造成的危害或过度干扰并限制能源消耗；要求成立协会以制定标准规范；提出激光使用的禁止性规定；针对特定区域“自然空间以及天文观测站点”提出较严格的要求
环境法典第 R581－1 至 R581－88 条关于广告、标志和预标志	给出广告、标志等光污染防治相关要求
2010 年 7 月 12 日第 2010788 号法律关于国家环境承诺	该法律要求城市规划必须遵循节能和环境可持续性原则，包括减少外部光源对周围环境的影响
2015 年第 2015992 号法律能源转型法	该法律旨在减少能源消耗和碳排放。法律要求建筑物在夜间非必要的室外照明采用自动熄灭装置，并规定照明设备必须符合特定的标准
2009 年 8 月 3 日第 2009967 号法律关于实施环境格勒内尔计划	该法律通过控制照明的光强度、方向和时间，以减少照明对野生动物和人类健康的损害。该法律还规定了对照明设备的使用和安装限制
2016 年 8 月 8 日第 20161087 号法律恢复生物多样性，自然和景观的法律	第 1 条：空间、资源、自然环境、场所和白天与夜间的景观、空气质量、动植物物种的多样性和生物平衡是国家共同财产的一部分 第 3 条：每个人都有义务保护环境并为保护环境作出贡献。 “污染”是指人类活动直接或间接引入废物、物质或能量，包括声源和光源对海洋生物资源和生态系统造成或可能造成不利影响，包括生物多样性的破坏、对人类健康的危害、对海洋活动（包括渔业、旅游、休闲和其他海洋用途）的障碍、水质恶化、海洋环境价值降低。 第 7 条第 2 款：绿色框架和蓝色框架旨在通过参与保护、管理和恢复生态连续性所需的环境，同时考虑到人类活动，特别是农村地区的农业活动，来遏制生物多样性的丧失。 第 72 条：景观质量目标旨在确保防治 L.583—1 定义的光污染
2021 年 8 月 22 日第 20211104 号法律关于应对气候变化并增强抵御其影响的能力	第 18 条规定：应在地方广告规定中制定有关照明和熄灯的时间表，能源消耗以及防止路标和灯光广告的光污染的规则
2018 年 12 月 27 日，减少和限制光污染的法令	该法令于 2018 年颁布，强调了预防、减少和限制光污染的重要性。法令具体规定了照明光强度、照明方向、照明时间等指标要求，以控制光污染的程度
2021 年 5 月政府发布的第四个国家环境卫生计划	减少整个国家领土上影响人类健康和生态系统的环境暴露，减少人造光对健康和环境的危害
2022 年 11 月 10 日命令，确定国家领土上受保护的海龟名单及其保护条款	对于第 3 条所列的海龟物种，在全国领土和法兰西共和国主权或管辖下的海域内，在任何时候都禁止以下行为： 第 1 条：故意破坏、毁损、捕获、带走标本，包括采集生物样本，故意干扰、光污染引起的干扰以及在自然环境中追逐或骚扰动物

6.2　法国国家夜空环境保护协会

国家夜空环境保护协会（ANPCEN）是法国唯一一个通过全球方式开展工作并同时在国家和地方两个层面开展国际合作的协会。ANPCEN 包括一百个成员协会、社区、个人和家庭、捐助者、订阅者。2014 年 ANPCEN 获得了国家环保协会的认可，对环境法典中夜间环境问题的保护做出了贡献；在立法方面，

2015 年，将照明和光污染有关的条款纳入《能源转型法》；2016 年，将夜间景观确认为国家的共同遗产，并在生物多样性法中提出所有人有责任保护夜间环境：在监督管理方面，2013 年，参与了关于外墙、陈列柜和空置办公室灭灯的法令，并对其进行了三次国家实地评估并于 2018 年参与了照明装置的两项法令。该协会还参与了法国标准化协会（AFNOR）标准和公共照明节能证书的讨论，推动 LED 的健康和生物多样性的影响纳入国家健康和环境计划。

自 2009 年以来，在生态转型部的支持下，ANPCEN 授予国家星级城市和星级村庄标签，包括 1 星至 5 星。该标签鼓励市政府和地区，致力于不断改善人类和生物多样性的夜间环境质量。该标签鼓励根据光污染的不同影响对居民、市政管理者进行积极的宣传教育，重新对户外照明进行评估，减少光污染并降低公共照明电力支出，节约能源。ANPCEN 建议更合理使用人造光，2019—2020 年版的结果于 2021 年 5 月公布，364 个市镇进行了标记，并首次在全国范围内标记了 4 个特别标签，分布如图 6-1 所示。同时也取消了 71 个城市标签，总的

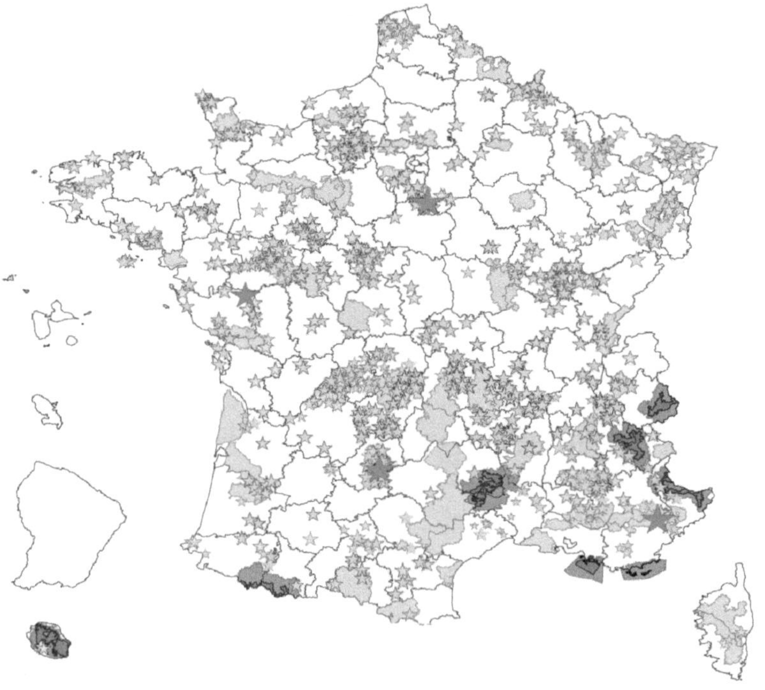

图 6-1　2021 年 ANPCEN 颁发的星级城市和村庄标签分布情况

☆ 一般标签；★ 特别标签；□ 地区自然公园；■ 国家公园。

来说截至 2021 年 5 月，法国有 722 个市镇拥有有效的标签，比 2018 年结果增加了近 26%。96%的贴有标签的城市正在减少照明时间。364 个星级城市每年节省近 580 万欧元，以城市 MaineetLoire 为例，追求夜间品质，抵御光污染的不同影响，这座城市被 ANPCEN 评为“明星城”，通过减少公共照明一年节省了 84 500 欧元，而且在“熄灭公共照明”后，该市表示没有任何指标显示夜间不法行为或交通事故的增加。可见，控制光污染不但可以节省预算和能源消耗，而且在夜间未产生不良影响，所有城市都可以采取相似的方法降低光污染。

法国 ANPCEN 星级市镇评级的标准指标体系包括积极的加分项和负面减分项两方面，具体包括：

1. 积极的加分项

（1）承诺。

执行落实适用的国家或地方性法规；

将光污染纳入行动文件，对地方照明水平进行研究；

签署《保护夜空和环境的承诺宪章》。

（2）增强意识。

提高对光污染多重问题的认识并采取信息分享的措施；

和公民和社区和地区的参与者协商，鼓励私人行为者更好地管理户外照明。

（3）实践。

增加夜间熄灯的持续时间和比例并进行熄灯实验；

减少对建筑物和自然环境的照明，将预防光污染与受保护空间的管理相结，合，使用低亮度照明灯具，使用非照明装饰；

加强广告和路标管理，防止光入侵；

限制运动器材的照明；

减少亮点的数量或消除亮点。

（4）技术方面。

带屏蔽的灯具，光线方向仅向下；

使用可调节的灯具；

合理使用低功率灯具；

布置合理的亮点密度；

使用发出黄色、橙色光或琥珀色的 LED 灯。

2. 负面减分项

（1）过度照明。

根据建筑物的持续时间和使用的频率进行照明；

没有将光污染防治纳入自然保护区管理中；

生态走廊的灯光过亮；

房屋亮度过高。

（2）技术方面。

亮点数量的密度过高；

使用大功率灯；

使用高比例含蓝光的光源；

使用地面照明灯；

使用广告光束（激光等）；

使风力发电机夜间闪光。

6.3 重要指标要求

6.3.1 照明时长限制

根据 2018 年 12 月 27 日《关于预防、减少和限制光污染的法令》第一条规定：

（1）室外照明规定：如果活动开始早的话，商业活动场所内或有遮盖的空间中的照明设施必须在活动结束后 1 h 内关闭，并且可以在早上 7 点之前或者活动开始前 1 h 开启。

（2）文化遗产场所、公园和花园的照明规定：文化遗产场所、公园和花园的照明设施必须在日落后开启，并最晚在凌晨 1 点关闭；或者在公园和花园开放的一般情况下，闭园后最晚 1 h 内关闭。

（3）非住宅建筑的照明规定：非住宅建筑的照明设施必须在日落后开启，并且最晚在凌晨 1 点关闭。专业场所的室内照明必须在场所被清空后最晚 1 h 内关闭，并且可以在早上 7 点之前或者活动开始前 1 h 开启。

（4）商业或展览店铺橱窗的展示照明规定：商业或展览店铺橱窗的展示照明必须在凌晨 1 点或者活动结束后 1 h 内关闭，以较晚的时间为准，并且可以在早上 7 点之前或者活动开始前 1 h 开启。

（5）停车场照明规定：停车场照明设施必须在日落后开启，并在活动结束后 2 h 内关闭，如果与场所或活动区域相连，这些灯具可以在早上 7 点之前或者活动开始前 1 h 开启。

（6）针对光敏感的物种和生态走廊的要求：地方行政长官可以根据对光敏感的动植物物种的特点，对地方进行更为严格的调整。

（7）圣诞节照明和公共假日的调整：在圣诞节照明期间和公共假日的晚上，市长可以对法律中提到的灯光熄灭规定进行调整。

（8）照明设施管理人员讨论：如果适用，照明设施管理人员将讨论关闭灯光的方案，并与光污染的利益相关者进行合作。

6.3.2　照明器具指标要求

根据 2018 年 12 月 27 日《关于预防、减少和限制光污染的法令》第二条至第五条规定：

室外照明安装和外部照明器具发出的人工光辐射的设计目的是预防、限制和减少光污染，其产生的光污染包括对人类、野生动物、植物或生态系统造成过度干扰，以及能源浪费或阻碍观察夜空。

根据规定，照明设施应满足以下要求：

（1）对于适用于城市和非城市地区的室外照明和停车场的照明设施，管理者必须确保所购买的照明器具在水平面以上发出的光线比例严格低于 1%。在现场，照明安装必须符合制造商推荐的安装条件，并且无论如何，所发出的光线在水平面以上的比例严格低于4%。

（2）对于适用于城市和非城市地区的室外照明和停车场的照明设施，计算在下半球内以立体角为3π/2 sr（相于半角度为75.5°的圆锥体）的光通量占整个下半球内发出光通量的比例超过95%。

（3）对于适用于城市和非城市地区的室外照明、非住宅建筑和停车场的照明设施，色温不得超过3 000 K。

（4）安装的照明表面的发光密度（以流明/平方米表示的光源总光通量与预定照明表面的面积之比）不得超过表6-2所示的最大值。对于供行动不便人士使用的室外通道以及室外停车场和人行通道，照度不超过20 lx。

表6-2　安装的照明表面的发光密度限值

照明类型	在建筑密集区/（l m/m²）	建筑区外/（l m/m²）
室外照明	＜35	＜25
公园和花园	＜25	＜10
非住宅建筑	＜25	＜20
停车场	＜25	＜20

（5）无论光线的来源是什么，照明设施不得产生过多对住宅的侵入性光线，此外其他特殊地域照明实施还应满足：

1）天文观测站范围内的照明设施应符合时间条件和技术要求，适用于非市区地区。

① 在该区域内，灯具向上照射超过水平线的比例为0。

② 施工照明的色温不得超过3 000 K。

2）自然保护区和保护区范围内的照明设施应符合时间条件和技术要求，适用于非市区地区。

① 在该区域内，灯具向上照射超过水平线的比例为0。

② 照明设备的色温不能超过2 400 K，并且特定照明设备的色温不能超过3 000 K。

3）区域性自然公园、海洋自然公园和国家公园范围内的照明设施应符合更严格的规定。

① 具体规定根据咨询意见制定，适用于公园内的照明设施。

② 在国家公园核心区范围内，灯光的最高色温为 2 700 K。

4）禁止在自然区域和《环境法典》第 R.583—4 条提到的天文观测点周边安装带有固定或移动光束、光通量超过 100 000 lm 的轻型炮式装置和带有激光束的装置，天文台活动所需的设备除外。

5）照明设施不得直接照亮水域和海洋公共领域，除非符合特定安全需求或许可要求。

6）根据对光线敏感的物种的影响，地方长官可以禁止安装发光量超过 100 000 lm 的灯具和辐射激光束设备。

6.3.3　广告、标识的指标要求

环境法典第五册《污染、风险和滋扰的预防》中第八编《保护生活环境》中的第一章《广告、标志和预标志》包括第 L581－1 至 L581－45 条的内容，规定了广告、标志和预标志的法律规定。对于广告，给出了聚集区外的广告要求、聚集区内的广告要求以及地方广告条例。在道路交通法规指定为聚集区之外的地方，禁止任何广告。在聚集区内广告是允许的，但位置、密度、表面积、高度和维护需要维护相关要求，照明广告应满足节能和防止光污染方面相关法令的要求。对于照明标志和预标志，同样应满足节约能源，防止光污染的相关要求。照明广告、标志和预标志应符合部级法令规定的技术要求，特别是关于最大亮度阈值（以每平方米坎德拉表示）和所用光源的发光效率（以每瓦流明表示）。

6.3.3.1　照明广告

根据《法国环境法典广告、标志和前置标志法》R581－34 至 R581－41 条法规规定，关于公告牌上的发光广告的特殊规定如下：

发光广告是指使用特殊设备产生的光源来展示广告的形式。

（1）对于人口少于 10 000 人且不属于 10 万人以上的聚集区，不允许设置发光广告。对于人口超过 10 000 人或属于 10 万人以上聚集区以及位于聚集区以外的机场、火车站和公路站，发光广告的单个面积不能超过 8 m^2，高度不能超过地面水平面 6 m。在法规中提到的体育设施区域内，发光广告的高度可以达到地面水平面的 10 m，单个面积的最大限制为 50 m^2。同时，对于安装在墙壁、立面或围墙上的广告，超过 10 m 的高度需要获得特殊许可，需要考虑广告的安装持续时间、面积、使用的技术、支撑结构的特点、对建筑和景观的影响以及可能对交通安全造成的影响。发光广告还需要遵守由部长令规定的技术要求，包括最大亮度阈值和光源的光效。

（2）在人口不超过 800 000 人的聚集区中，发光广告在凌晨 1 点～6 点必须处于关闭状态，但除了机场区域内的广告、由投射或透明装置支撑的广告和固定在城市家具上的数字广告之外。对于人口超过 800 000 人的聚集区，发光广告的关闭要求和方式由地方的广告规定根据指定的区域进行规定。市政府或地方政府可以根据特殊事件对广告关闭要求进行豁免。

（3）关于发光广告的限制：

发光广告不得覆盖窗户的全部或部分区域，超出支撑的墙壁的限度，安装在阳台或阳台护栏上，安装在围墙上。

然而，在体育设施区域内的发光广告不适用所述限制的第 1 和第 4 点。

（4）发光广告必须与支持的墙壁平行，位于相同的平面上，以保持整体外观的一致性。

（5）支撑发光广告的设备位于屋顶或类似的露台上时，有如下高度限制：

建筑物立面高度不超过 20 m 时，设备的高度不得超过立面高度的六分之一，最高不超过 2 m。

建筑物立面高度超过 20 m 时，设备的高度不得超过立面高度的十分之一，最高不超过 6 m。

广告应以切割字母或标志的形式隐藏与支撑物的连接，并禁止使用除必要用于隐藏基本支架的背板外的其他装置。在屋顶或露台上，背板的高度限制为不超过 0.5 m。

（6）数字广告的限制：

单个数字广告的表面积不得超过 8 m^2，离地面的高度不得超过 6 m。数字广告设备的电力消耗超过法定规定的水平时，单个表面积不得超过 2.1 m^2，离地面的高度不得超过 3 m。

在年旅客流量超过 300 万人的机场范围内，单个数字广告的表面积最大可达 50 m^2，离地面高度可达 10 m。在这种情况下，数字广告设备必须符合相关执法部门的规定，并遵守法规的相关条款。

在体育设施区域内，数字广告可以离地面高达 10 m，单个表面积最大限制为 50 m^2。对于安装在墙壁、立面或围墙上的广告，高度超过 10 m 的情况可能需要根据安装持续时间、广告面积、使用方法、支撑物的特性、在建筑环境和景观中的融入程度以及可能对周围环境和交通安全造成的影响等因素进行授权。

城市内的数字广告设备和在郊区的机场、火车站、汽车站以及体育设施范围内的设备必须配备调光系统，以根据环境光照度调节照明亮度。

城市家具可以支持非发光广告、投影广告或透明广告，但必须遵守相应的规定。在某些特定条件下，城市家具不能支持数字广告。在其他情况下，安装距离住宅窗户不得少于 10 m，且广告面板与窗户呈平行关系的限制根据地方广告规定或相关管理机构的规定进行。

（7）关于候车亭、报摊和商业用途亭子上的广告：

候车亭可以支持最大面积为 2 m^2 的单个广告，但总广告面积不得超过 2 m^2，每增加 4.5 m^2 的地面遮盖面积可以增加 2 m^2。

在公共区域建设的报摊和其他商业用途亭子上，最大面积为 2 m^2 的单个广告，总广告面积不得超过 6 m^2。

在候车亭和亭子的屋顶上不允许安装额外的广告设备。

支架式海报柱只能用于展示演出或文化活动的广告，并且仅支持背靠背最多两块广告板，每块广告板的最大面积为 2 m^2，用于宣传经济、社会、文化或体育活动。

6.3.3.2 照明标志

根据第 R581－58 至 R581－65 条法规：

照明标志是一种使用专门的光源来制作的标志。照明标志必须符合并通过部长命令确定的技术标准，其中包括最大亮度阈值（以每平方米坎德拉为单位，cd/m^2）和所使用光源的光效（以每瓦特流明为单位，1 m/W）。

（1）照明标志在活动结束后的凌晨 1 点至 6 点期间必须关闭。活动在午夜至上午 7 点之间开始或结束时，标识必须在活动结束后最多一个小时内关闭，并且在活动重新开始前一个小时内可以开启。特殊事件期间，市政府或地方行政长官可以豁免关闭标识的要求。闪烁标识通常是禁止的，但药店或其他紧急服务机构的标识除外。

（2）平贴或平行于墙壁的标识牌不得超过墙壁的边界，凸出距离也不能超过 0.25 m，如果有的话，也不能超出屋顶的边界。如果标识牌安装在遮阳棚或门廊上，其高度不能超过 1 m；如果安装在阳台或窗户前方，标识牌不能高于阳台或窗户的栏杆或扶手；如果安装在阳台的栏杆上，标志牌不能超过栏杆的边界，并且突出距离不能超过 0.25 m。

（3）垂直于支撑墙的标志牌不得超过该墙的上限。相对于墙壁，不得超过与公共道路两个行列之间距离的十分之一，除非更严格的道路另有规定。在任何情况下，此凸出部分不得超过两米并且这些标志牌不能安装在窗户或阳台前面。

（4）根据建筑物是否为活动的一部分，可以在屋顶或作为屋顶同等结构的露台上安装标志牌。在建筑物的一半或更少部分中进行标识的活动受限于适用的屋顶或同等结构广告设施的规定。活动在建筑物的一半以上进行时，标识牌必须采用切割字母或符号制作，以掩盖其固定方式，并且不能出现除必要用于掩盖的底板外的背景板。底板的高度不能超过 0.5 m。在这种情况下，支撑标识的立面高度低于或等于 15 m 时，标识的高度不能超过 3 m；立面高度超过 15 m 时，标识的高度不能超过立面高度的五分之一，且不能超过 6 m。同一机构屋顶上标识牌的累积面积不能超过 60 m^2，但文化机构等某些特定机构可以根据文化部部长的命令另行规定。

（5）商业建筑立面上的标志牌累积表面积不得超过该立面面积的 15%。然而，商业建筑的立面面积小于 50 m^2 时，这个比例可以增加至 25%。放置在橱窗中的广告以及遮阳棚和门廊上的标志牌不计入允许面积的计算。这一规定不适用于特定文化活动或文化部部长另行规定的机构。

（6）地面固定或直接安装在地面上的标志牌，如果超过 1 m^2，离相邻土地上的建筑物窗户前方的墙壁平面之外的距离不能少于 10 m。这些标志牌不得安装在相邻物业分界线上方的距离低于其高度的一半。然而，如果指示的是在两个相邻土地上进行的活动，且尺寸相同，可以背靠背放置。超过 1 m^2 的地面固定或直接安装在地面上的标志牌的数量限制为每条对公众开放的道路上放置一个设备。

（7）根据规定，照明标志牌的最大单个表面积为 6 m^2，但在人口超过 10 000 的城市中，可以增至 12 m^2。这些标志牌的高度不得超过 6.5 m（宽度为 1 m 或更大时）或 8 m（宽度小于 1 m 时）。

（8）对于称为例外预告牌，可以在聚集区以外的地方设置，距离城市入口或指定活动地点最多 5 km。对于指示历史古迹（列入或注册）或向公众开放的预告牌，这个距离可以延长至 10 km。例外预告牌可以地面固定或直接安装在地面上，其尺寸不得超过 1 m 高和 1.50 m 宽。道路管理集体可以制定必要的例外广告牌协调规定，这些规定需要在行政行为公告中公布或纳入地方广告规定中。

（9）指示历史古迹、列入或注册并向公众开放的预告牌每个古迹最多只能有四个预告牌。其中两个预告牌标记与历史古迹相邻或在其保护区内的土地上时，这些预告牌可以安装在离古迹不到 100 m 的位置。每个文化活动只能有两个预告牌。对于主要从事地方产品制造或销售的本地企业，也只能有两个预告牌。

（10）临时标志牌或预告牌适用于特殊事件或不超过三个月的特殊项目，超过三个月的标识牌，指示公共工程、土地分割、建筑、复建、租赁和销售等活动时，或租赁和销售经营资产的租赁和销售时间超过三个月，这些临时标志牌或预告牌可以在活动或操作开始前三周安装，并且必须在活动或操作结束后最迟一周内撤除，标识牌的规定受相关法规的约束。临时预告牌可以安装在聚集区以外和人口不超过 10 000 的城市中，尺寸不得超过高度 1 m、宽度 1.5 m，并且每个操作或活动的数量限制在 4 个月以内。

第七章
德国光污染控制

7.1 光污染控制立法情况

根据德国《联邦排放控制法》(BImSchG)第 3 条，有害环境影响是指由于其性质、范围或持续时间而可能对公众或社区造成相当大干扰的排放。街道和建筑物上的户外照明发出的光，以及噪声或废气，都可能构成这种干扰。在这种情况下，经常使用“光污染”一词。因此，发光系统的构建和运行必须防止或减少有害的环境影响。根据现有技术可以避免的有害环境影响必须完全防止，且必须将不可避免的影响保持在最低限度。

由于主观性较强，如何将暴露于光线下客观评估为 BImSchG 所指的重大滋扰通常很困难。为了解决该问题，联邦州排放控制委员会制定了《光排放测量和评估指南》。该指南也可用于不受 BImSchG 约束的相关评估。

7.2 光排放测量和评估

1993 年 5 月联邦州排放控制委员会（LAI）首次制定了《光排放测量和评估指南》(本节以下简称“指南”)，提供了光排放对人“有害环境影响”的评估方法。而后在对照明系统（特别是户外运动设施的照明系统）的广泛测量和评估中，指南以通知的形式进行了彻底修订，并附上了关于照明系统对动物（尤其是鸟类和昆虫）有害影响的通知以及减少这些影响的建议。2012 年 9 月，又根据德国照明技术协会工作组“光排放”出版物进行了修订，对房间增亮和眩光的确定和评估进行了补充说明，增加了附录，给出了光伏系统眩光效应的评估、确定和减少的建议。以下内容对现行指南的基本情况、房间增亮评估、眩光评估和测量、避免和减少对人有害影响的措施、避免和减少对动物有害影响的措施以及对光伏系统眩光效应的建议分别进行了说明。

7.2.1 基本情况

指南用于评估来自各种发光系统光线对人的影响，发光系统包括各种人造光源，例如：用于运动场的泛光灯、装载区的照明和辐射系统以及广告灯光，指南也适用于明亮照明区域，如建筑物外立面照明。但公共街道空间照明系统、机动车辆照明系统和交通信号灯、激光以及远距离的发射光（例如投影灯）不属于该指南范围。

评估主要的原则要求：（1）当邻里或公众受到严重干扰时，指南提供了评估烦恼效应的标准，干扰通常发生在超过本指南规定的排放指导值的情况下。（2）由光辐射引起的干扰的严重程度还主要取决于它们影响的区域的使用情况，以及影响的时间段或者持续时间。指南评估不是基于少数的敏感个体，而是基于普遍敏感者的态度。（3）对于设施的光排放评估而言，重要的是需要保护这些使用设施附近的区域。将对评估具有决定性意义的排放指导值分配给设施影响区域时，必须以区域发展计划为基础。未制定区域发展计划的，必须以实际使用为依据，必须考虑区域用途的可预见变化。（4）如果由于过去建筑物的发展，住宅区与发光系统靠得很近，则有义务进行协调。如果所有减排措施仍然无法确保排放限值达标，则相互协调可能导致：居住者必须接受比远离此类设施居民更多的光辐射。在个别情况下，允许增加的光辐射的水平取决于保护该区域需要和实际的光辐射量，但可耐受的光暴露水平应低于适用于下一个较低保护要求区域类型对应的光辐射指导值。

评估内容主要包括两个方面：一是房间增亮：通过附近的照明系统照亮起

居区，尤其是卧室，以及客厅、露台或阳台，导致这些起居区的使用受到限制，房间增亮使用平均照度 $\bar{E}_F$ 进行衡量。二是眩光影响。光源导致的眩光可分为生理眩光和心理眩光。生理性眩光描述了眼睛玻璃体内散射光引起的视力障碍，这些障碍在通常的照射情况下不会发生；但居民经常被心理性眩光所困扰，即使光源位于更远的距离，其在生活区域不会产生明显的增亮，烦恼源于视线向光源的持续和不必要的偏转，当光源亮度与周围亮度之间存在较大差异时，触发眼睛不断的适应性。因此，眩光干扰效应起决定性作用的因素包括从相关人员位置观察到的眩光源的亮度 L_s、环境亮度 L_U 和立体角 Ω_S。排放控制的主要任务是避免工业、商业光源对其附近需保护的体育和休闲设施区域内人员产生心理眩光干扰。

7.2.2　房间光照强度的评估和测量

1. 评估

房间光照强度的测量和评估的变量是测量照射位置处的平均照度 $\bar{E}_F$。表 7-1 给出了平均照度 $\bar{E}_F$ 的指导值，房间附近的照明系统不应超过该值，其是在住宅窗台、阳台或露台、住宅边界面上的平均照度 $\bar{E}_F$ 指导值，该光照是由夜间照明系统引起，公共街道照明系统除外。

表 7-1　平均照度 $\bar{E}_F$ 的指导值

	照射位置 根据德国《建筑物使用条例》规定的区域类型	平均照度 $\bar{E}_F$ /lx	
		06 时—22 时	22 时—06 时
1	度假村、医院、疗养院 [1]	1	1
2	纯住宅区 一般住宅区 特殊住宅区 小型居住区 休闲区	3	1
3	乡村地区 混合区域	5	1
4	核心领域 [2] 商业区 工业区	15	5

注：1. 如果照明系统每天定期开启少于一个小时，第 2 行中的值也适用于第 1 行中指定的区域。
2. 核心区域也可以在环境照明低的个别情况下分配到第 3 行（晚上 10 点之前 $\bar{E}_F \leqslant 5$ lx；晚上 10 点之后 $\bar{E}_F \leqslant 1$ lx）

如果照射位置平均照度是由其他光源确定的，只要该装置对总照度的贡献不大，则应暂停在待评估照明装置处采取的措施。另外，表 7-1 是针对恒定的白光或近乎白光（来自高压钠蒸气灯的光仍被认为是近乎白光）每周多次打开超过一个小时的情况。如果系统运行频率较低或运行时间较短，或者通过运行探测器进行切换，则需要单独考虑。应考虑时间点和发生频率、一般环境亮度、习惯位置，尤其是减少干扰影响的措施的可能性。因此，若有必要，可使用更高或更低的 $\bar{E}_F$ 准入指导值。

对于运行状态可变的照明系统，必须以最大照度评估照明状态。运行状态变化节奏不超过 5 min 的照明系统被认为会随着时间的推移发出恒定的辐射。如果运行条件在不到 5 min 内发生明显变化，灯光交替亮起，特别明显的交替变光情况（例如照度的大波动、快速的明暗过渡、类似闪光的过程、交变光的快速重复频率）会比恒定光更令人不舒服，评估时关键房间增亮的最大照度 E_F 应乘以一个交替光系数（见表 7-2 所示），并与表 7-1 中的入射指导值进行比较。

表 7-2　交替光系数

期间	交替光系数	频率/Hz	交替光系数
≥5 min	1	0.67～18	5
5 min～4 s	1.5	19～24	3
4～2 s	2	25～30	2
2～1.5 s	3	＞30	1

如果光波动是小于平均照度±15%的正弦波动，则应使用表 7-2 中下一个较低的值。目前没有确定非周期性系统（例如 LED 视频装置）中系数的方法，应针对特定的个案评估破坏性影响。

对于强烈的彩色光所具有特殊的破坏作用，入射侧主观分配的因子（也称强色光因子）设为 2，以评估房间增亮的影响，该系数乘以平均照度 $\bar{E}_F$ 并与表 7-1 中的排放指导值进行比较。值得注意的是：交替光的因子和强色光的因子不必累加，而是适用较高的值。

由于测量装置的误差，只有当测量结果至少比表 7-1 中的排放指导值高出20%时，才能作为采取措施的理由和依据。

2. 测量时间和地点

在照射位置处的光辐射应该在典型时间内进行测量，当受雨、雪或雾等恶劣天气影响时不可测量。对受保护的房间评估时测量位置应在窗户打开时的相应窗位，对于阳台或露台，宜在住宅使用的边界位置。平均照度 $\bar{E}_F$ 应在打开的窗户前面或窗玻璃正前方的外侧确定。如果窗户无法打开或在窗玻璃内侧进行测量，则必须使用校正系数考虑窗玻璃的影响。如果窗户是干净的，可以参考下表 7-3 中的系数。

表 7-3 不同玻璃的校正系数

玻璃类型	校正系数
单层玻璃	1.1
双层玻璃	1.25
三层玻璃	1.4
涂层隔热玻璃	1.7

测量平均照度 $\bar{E}_F$ 时，测量法线应平行于参考表面的法线。在参考表面局部照度水平不同的情况下，必须确定照度的算术平均值。如果参考面积大于 1.5 m^2，则以 1.5 m^2 的最强照明区域的平均值为准。测量期间必须关闭室内照明，通过消除或慢慢消除来自环境中无法评估的光源照明组件影响。照明系统开启时在测量点 i 处测量照度值 E_{Fi}（mit）和照明系统关闭时照度值 E_{Fi}（ohne）。平均照度值计算公式为

$$\bar{E}_F = \frac{1}{n}\sum_{i=1}^{n}[E_{Fj}(\text{mit}) - E_{Fj}(\text{ohne})] \quad (1)$$

3. 照度计要求

照度计（勒克斯计）允许测量必须达到 0.1 lx，其分辨率须达到 0.01 lx。设备必须至少满足德国标准 DIN5032 第 7 部分规定的 B 级要求，总误差小于 10%。

7.2.3 眩光的评估与测量

1. 评估

眩光光源最大可容忍平均亮度按 L_{max} 计算，对照射控制区域建立关系如下：

$$\bar{L}_{max} \leqslant k \cdot \sqrt{\frac{L_U}{\Omega_S}} \quad (2)$$

式中：$\bar{L}_{max}$——以 cd/m²为单位的眩光源的最大容许亮度，在相关立体角 Ω_S 上取平均值；

L_U——眩光源周围区域的环境亮度，单位为 cd/m²，如果通过测量确定的环境亮度小于 0.1 cd/m²，则计算 L_U = 0.1 cd/m²；

Ω_S——从照射位置看到的眩光光源的立体角，sr；

k——归一化比例因子。

评估程序仅适用以下条件：从照射位置（在通常的位置）可以看到眩光的来源。这种对眩光源的注视被假定为观察方向，因为眼睛通常不由自主地转向眩光光源，眩光光源通常是视野中最显眼的视觉对象。等式（2）的应用范围限于 0.1 cd/m²＜L_U＜10 cd/m² 和 10^6 sr＜Ω_S＜10^2 sr。当 Ω_S 小于 10^6 sr 时，属于一个“点光源”，其中眩光照度起决定性作用，在照射点处照度不得超过 $E_S = 10^3 \cdot k \cdot \sqrt{\bar{L}_U}$。当 Ω_S 大于 10^2 sr 时，则属于“大面积光源”，限值是一个与光源立体角无关的常数，平均亮度不得超过 $10 \cdot k \cdot \sqrt{\bar{L}_U}$ 的值，这适用于随时间恒定的光。

随时间变化的眩光通常比随时间保持恒定的光更令人讨厌。在评估眩光时，可以大致考虑到对来自交变光的干扰的感知，在与照射指导值进行比较之前，测量值或计算结果最多可考虑 5 倍系数。

2. 程序

光源的心理眩光效果可以用眩光维度 k_S 来描述：

$$\sqrt{\frac{\Omega_S}{L_U}} k_S = L_S \quad (3)$$

眩光维度 k_S 不应超过表 7-4 中的照射指导值。

表 7-4　黑暗时间光源最大允许眩光照射准则值 *k*

	照射位置 根据德国《建筑物使用条例》规定的区域类型	眩光照射指导值 *k*		
		6～20 h	20～22 h	22～6 h
1	度假村、医院、疗养院[1]	32	32	32
2	纯住宅区 一般住宅区 特殊住宅区 小型居住区 休闲区	96	64	32
3	乡村地区 混合区域	160	160	32
4	核心区域[2] 商业区 工业区			160

注：[1] 如果照明系统每天定期开启少于一个小时，第 2 行中的值也适用于第 1 行中指定的区域。
[2] 在环境照明较弱（$L_{u,\ mess}$<0.1 cd/m²）的个别情况下，核心区域也可适用于第 3 行数值

该公式可用于使用立体角为 Ω_M 的测量孔来测量亮度 $\bar{L}_M$ 的情况，如下所示：

$$\sqrt{L_U \cdot \Omega_S} k_S = L_M \cdot \Omega_M \tag{4}$$

测量孔口（立体角 Ω_M）在很宽的范围内是可以任意选择的。唯一的条件是眩光源具有代表性并且没有检测到外来光。如果孔径小于光源，则测量值不能代表整个发光面，必须通过不同点的多个测量值进行核查。

如果光源的立体角 Ω_S 低于值 10^6 sr，则等式（4）简化为

$$\sqrt{L_U} s_k = L_M \cdot \Omega_M 1\,000 \tag{5}$$

如果光源的立体角 Ω_S 超过值 10^2 sr，则等式（4）简化为

$$k_S = 0{,}1 \cdot \frac{\bar{L}_M}{\sqrt{L_U}} \tag{6}$$

如果仔细地进行测量，眩光照射值超过表 7-2 中的排放指导值 *k*，但由于所使用的测量技术的限制导致误差，则只有当待评估的光源 k_S 至少比相应的入射指导值高 40%并且出现眩光时，才可以作为行政处罚的依据。

3. 视野内多个眩光源的评估

如果视野中有多个空间分离的照明系统，则必须对每一个进行单独评估。

如果一个照明系统由多个紧密间隔的单独灯（阵列）组成，则每个单独的灯不得超过表 7-2 眩光的入射指导值。如果亮度均匀分布在各个灯具上，则可以测量整个阵列。分母中必须包括单个灯具的立体角，测量值 $L_M \cdot \Omega_M$ 要除以测量场检测到的光的数量。如果亮度分布不均匀，则需要划分区域并评估最大值。在对阵列进行测量的情况下，破坏性影响可能被低估，因为来自整个系统的误差大于来自单个灯具的误差。但是，目前还没有关于这些灯具累积效应的可靠结论。

4. 眩光测量要求

眩光相关参数的测量对检验员的照明技术知识、实际测量经验以及测量设备本身都提出了很高的要求。因此，如有必要建议咨询具有资质的专家。亮度计应能够测量 0.01～10^6 cd/m^2（分几个段）。其分辨率必须为各量程刻度值的 1%。建议使用带照明的数字显示器。设备应至少符合标准 DIN 5032 第 7 部分 B 级要求，总误差应小于 15%，该要求同样适用于亮度传感器。

7.2.4 避免和减少对人有害影响的措施

在规划商业设施、运动场、多层停车场、地下停车场等的照明时，应尽早考虑光辐射可能会对值得保护的街区造成任何干扰或负面的影响。这主要是通过以下措施来保证的：光源被尽可能地屏蔽，使得它们不能从相关的入射位置被看到。附近居民可能受到的损害取决于灯具的位置、倾斜角度、高度和阴影。从公众保护的角度来看，几个按空间分布的灯具比几个集中一起的灯具所造成的影响更小。

为了避免干扰光发射/眩目效果，光源应尽可能不可见，如果可见，也仅限于被照亮的区域。如果光源不在自然视野中，则自上而下的照明更适用。值得注意的是：由于特殊的照明要求，大型体育场的泛光灯系统一般不可能符合根据现有技术确定的排放指导值。对于值得保护的社区附近的新规划，尤其应考虑到这一点。特别是，应注意以下已得到证明减少光辐射的措施（见图 7-1）：

（1）明确照明需求；

（2）根据强度、所需区域的均匀性说明光照要求/光照水平；

（3）灯具选择适当数量、位置对齐；

（4）光的方向只在需要人工照明的区域；

（5）附加技术措施（屏蔽屏、镜子和反射器等光学装置、有限光束角的灯）；

（6）照明方向始终从上到下，应避免直视灯具，如果这种情况无法避免，则应提供屏幕以保护邻里；

（7）灯光应该只向下照射，并且其光束角（与垂直方向）不超过 80°。它们应该放置在尽可能低的位置，以便到需要提供照明的地方，对于需要均匀照明的较大空间（例如仓库和运动场），应使用不对称分布的聚光灯，其光束角（与垂直方向）不超过 80°；

（8）优化安装高度；

（9）体育设施和仓库应尽可能安装高度较低的泛光灯杆。在规划和执行时，必须确保只照亮必要的区域，应避免光扩散到其他区域。在室外泛光灯系统运行的情况下，较高的灯杆与不对称的平面聚光灯相结合是有效的，可以最大限度地减少光辐射；

（10）将操作时间限制在必要的时间内，尤其是在夜间评估期间，关闭或降低照明水平是有效的；

（11）如果夜间很少需要照明，则使用动态检测器可能是有效的。另外，如果设备频繁打开或关闭，则对附近区域可能造成较大干扰，必须考虑照明系统响应的灵敏度、占空间比和照明面积；

（12）应避免使用间接照明系统，如洗墙灯或反光镜等；

（13）灯型（光源类型）；

（14）旧系统改造；

（15）只要符合安装系统的要求，用固定或恒定光源替换可移动或随时间波动的光源；

（16）使用百叶窗或卷帘使从内部照明的大窗户区域（例如照明工作室、温室等）变暗。

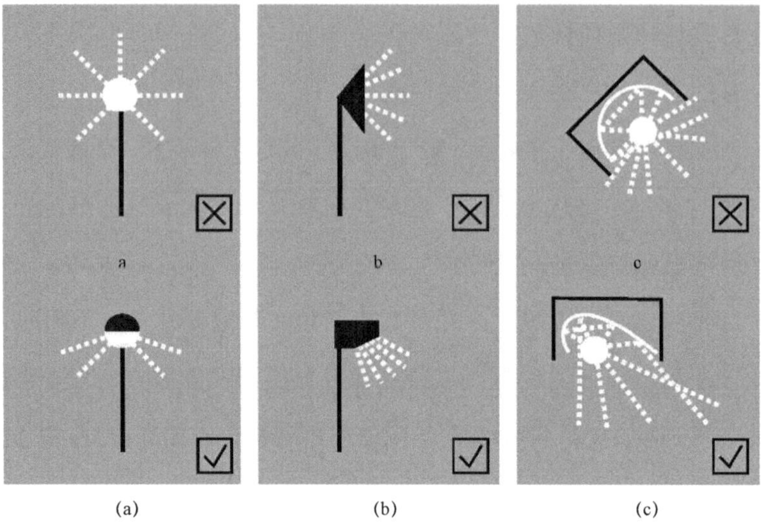

图 7-1 不推荐和推荐的灯具

7.2.5 避免和减少对动物有害影响的建议

指南给出了有关照明系统对动物（尤其是鸟类和昆虫）有害影响的信息以及减少这些影响的建议。

如果根据其性质、程度和持续时间，光的排放可能对公众或附近地区造成危害、重大不利或重大妨害，则应视为对环境有害。除了保护人类，法律 BImschG 的目的也保护动植物免受有害环境影响，防止有害环境影响的发生。指南附件 1 考虑了光发射对某些动物群体的影响。该结果并非最终结果，人工照明可能对自然保护造成影响的评估需要有自然保护方面的专业知识作为补充。在进化过程中，许多动物已经适应了昼夜交替。例如，它们的行为为了适应环境光密度，有昼间活动和夜间活动的动物。由于人工光源数量的不断增加，近几十年来许多物种在各自的环境中都发生了严重的变化。

（1）大量夜间活动的昆虫被各种人工光源吸引，离开实际栖息地，无法完成觅食或寻找伴侣等生态“任务”。对于许多昆虫来说，光源导致直接（燃烧）或间接（饥饿、疲惫、轻食）死亡。大量的个体损失可能导致光源附近夜间活动的昆虫数量大量减少，这反过来又对生物多样性产生重大影响（例如：食物链、授粉）。

昆虫对光辐射的光谱评估与人类不同。关于人造光对夜行性昆虫的影响，已经证明在光谱范围内短波蓝光和紫外线占高比例光源（如汞蒸气灯）的吸引力远大于辐射主要在长波范围内（钠蒸气灯）灯具的吸引力。高压汞蒸气灯吸引的蝴蝶数量是对人类来说具有同样亮度的高压钠蒸气灯的 13 倍。低压钠蒸气灯的单色淡黄色光已被证明是迄今为止最无害的光。一项涉及新 LED 灯的测试也很有前景，暖色和中性白色 LED 灯吸引的昆虫相对较少，只有当光源超过一定亮度值时，附近昆虫的行为才会受到明显干扰。关于光源的吸引力，除了光谱分布之外，亮度、与周围环境的对比度、辐射角度和光点的高度也很重要。斜向上发光的灯具吸引的昆虫数量是仅向下发光的灯具的 1.5 倍。灯具高度增加一倍，可吸引昆虫的数量约增加 1.5～2 倍。

（2）鸟类也以不同的方式受到照明系统的影响。对于鸟类来说，光源在其生活节奏和方向上都起着重要作用。强人造光源（灯塔、工厂、摩天大楼和天光灯）会导致夜间迁徙的鸟类失去方向，甚至大量死亡。夜间光源会吸引鸟类，尤其是在高湿度的情况下，这通常会导致鸟与光源或支撑它的建筑物发生碰撞。对候鸟的刺激也反映在诸如在光球中游荡、改变飞行方向和减慢飞行速度等反应上。

为了避免或尽量减少对昆虫的不良影响，以下措施是适当的：

（1）在开阔的景观中避免使用明亮、影响深远的人造光源。应尽可能避免在户外使用固定光源。光点的高度越大，则在上半部分空间方向上所造成的亮度或光强度越大。如果这种情况不可避免，则须将光源尽可能放置在较低的位置。多数的低高度和功率的光点比少数高度和功率高的光点更可取。这也适用于从亮点密集区到开放景观或接近自然用途的所有过渡区域，例如花园和公园。在这些区域不应显著照亮浅色建筑墙壁。此外，必须尽可能采用第 2 条和第 3 条的措施。

（2）将光专门引导到需要人工照明的区域。在敏感区域，防止向上和大致水平方向辐射的那些光源在很大程度上只能通过屏蔽。如果可能，辐射方向应限制在与垂直方向的夹角小于 70°。如果必须使用更大的光束角，我们建议限制光的强度（例外：建筑物照明等系统）。在规划建筑物照明系统时，必须考虑对动物的各种影响。为了实现这一保护目标，应避免使用用于照亮街道、道路或类似目的需要照明的大面积区域的大面积的灯具，例如在营地或训练区只使用不对称光分布的聚光灯，不发射任何光束角（与垂直方向）大于 80° 以上的光。仅在照明所需方向上发光的灯具也具有明显更高的效率，因此从长远来看更有效。向（几乎）所有方向自由辐射的灯具，比如许多所谓的“装饰性”灯具不应在敏感区域使用。

（3）选择光谱对昆虫尽量不造成影响的光源。夜行性昆虫的行为受低压钠灯的单色光影响最小。在相同的亮度水平下，这些灯对昆虫的影响仅为汞蒸气灯的 1%～2.5%。低压钠蒸气灯目前主要用于工业和商业领域，因为它是目前最有效的解决方案，并能在潮湿空气和雾气中实现最佳视觉对比度。

另一方面，高压钠灯在大多数情况下的显色性对昆虫的影响只有汞灯的 10% 到 25%。此外，钠蒸气灯比汞蒸气灯具有更高的发光效率和使用寿命，在很大程度上可以替换汞蒸气灯。因此，如果满足条件，在接近自然的地区和露天环境中，应使用钠蒸气低压灯。

与其他光源相比，汞和卤素蒸气灯会吸引更多的昆虫，因此只能推荐用于远离森林、公园、墓地和水域的人口密集区域。如果需要白光，尽可能使用暖色和中性白光的 LED 灯，以减少对昆虫的吸引。

采用全封闭防尘灯，可以防止昆虫进入灯具造成死亡。

（4）操作时间限制在必要时间。人工照明系统仅应在必要时运行。这也特别适用于建筑物的照明，其不可能限制下半空间中的光的发射，因此光源相当大的远距离效应是不可避免的。这些人工照明系统应该在深夜关闭，在此期间，由于缺乏受众，任何情况下所需的效率都很低。这也适用于广告目的的照明系统。对于必须整夜运行的照明系统，必须检查是否可以在夜间晚些时候降低功率。

保护鸟类的措施：前述关于第 1 条、第 2 条和第 5 条中关于昆虫保护的措施也适用于避免或尽量减少人工照明对鸟类可能产生的不利影响，此外，还可以采取以下措施：

（1）照明避开睡眠和繁殖区域；

（2）建筑物上安装弱光装置（例如在灯塔或无线电塔上），以便鸟类看到光源避免碰撞；

（3）照明避免高层建筑和玻璃幕墙建筑；

（4）在鸟类迁徙期间停用产生天光的装置（2 月 15 日至 5 月 31 日和 8 月 1 日至 11 月 30 日）。

7.2.6　确定、评估和减少光伏系统眩光效应的建议

在屋顶、仓库、几公顷土地上的光伏系统通常由单独的光伏模块组成。阳光不仅会被组件的光滑表面吸收，部分还会被反射。因此，附近有时会出现高亮度效果，当光强度＞10^5 cd/m^2 时会产生眩光，这种形式的生理眩光可以导致整个视野范围内的视力完全下降。联邦排放控制法案 BImSchG 第 3（2）条含义内的排放包括来自光伏系统的反射。如果这些污染物在受保护的社区中影响时间较长，则有必要采取补救措施。对这些排放的影响研究或评估德国尚未制定相应的法规，指南给出了眩光影响基本情况、评估及防治措施。

太阳的亮度水平高达 1.5×10^9 cd/m^2。即使当太阳在地平线上方较低时，仍会出现约 0.3×10^9 cd/m^2 的亮度水平。眩光发生在 10^5 cd/m^2 左右，这意味着如果只有一小部分入射阳光（小于 1%）被反射到照射位置（住宅楼），光伏模块也会导致眩光。

影响照射位置眩光效果的基本参数包括：

物理量：光源的亮度 L_S（cd/m^2）。地平线上的太阳亮度为 6×10^6 cd/m^2；正午阳光亮度为 1.5×10^9 cd/m^2（太阳的亮度取决于太阳的位置）。

环境亮度 L_U（cd/m^2）。环境亮度为 10^2～10^3 cd/m^2。

光或反射源的空间角 Ω_S [sr]。太阳立体角 6.8×10^5 sr；光伏模块的立体角 3.4×10^4 sr（在 100 m 距离和 30° 倾角处）。

几何参数：直视光伏系统，光伏系统的方向和尺寸，入射位置相对于光伏系统的位置。

照射位置的地理位置。

时间长度：时间（一年和一天中的时间）、持续时间、眩光情况的频率；

其他：光伏模块表面（材料）的反射特性。

年内太阳位置：太阳的最高位置因季节和地点的纬度而异。图 7-2 显示了奥格斯堡每月 21 日的太阳运行轨迹（曲线）。如果将一年中每一天的同一时间点连接起来，就会得到绘制的“循环”，称为 Analemmas 时间（中欧时间〔CET〕）。

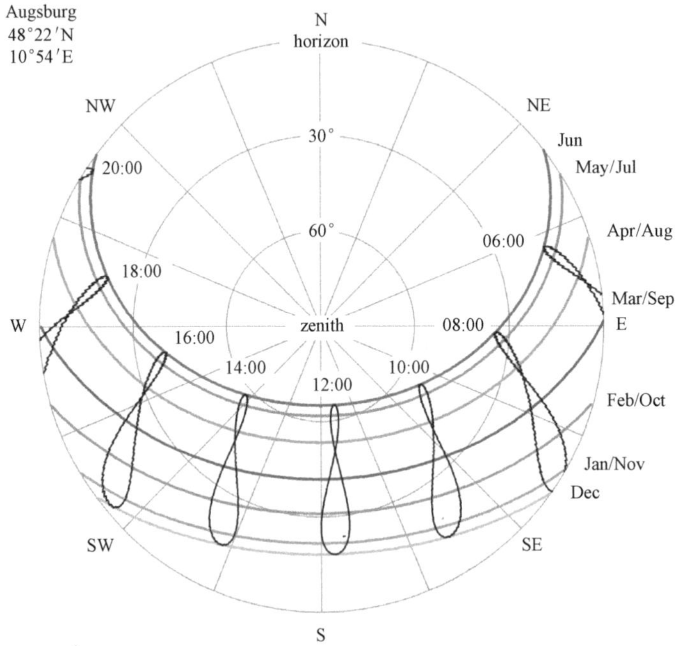

图 7-2　奥格斯堡太阳位置图，显示为每个月的第 21 天（以°为单位的仰角（0° =地平线））

临近光伏系统需要考虑的眩光影响的区域：（1）被分类为值得保护的房间：客厅、卧室，包括住宿设施中的过夜房间和医院和疗养院的卧室；学校、学院和类似机构的教室；办公室、练习室、工作室、培训室和类似工作室；与建筑物相邻的外部区域（例如露台和阳台）在上午 6:00 至晚上 10:00 之间被视为需控制亮度的房间。（2）在建筑或规划法允许的受保护空间的建筑物区域中最受影响的边缘，在地面以上 2 m 的基准高度处未开发区域。在一年中的辐射位置是否有任何眩光取决于辐射位置相对于光伏系统的位置。这意味着无须进行更详细的检查即可提前排除许多照射位置（如图 7-3 至图 7-5 所示）。

经验表明距离光伏系统约 100 m 以上的辐射位置（见图 7-3）只会出现短暂的眩光效应。只有在广泛的光伏系统的情况下，辐射位置受影响范围才会更广。

主要光伏系统位于照射位置以北（见图 7-4）通常也没有问题。只有当照射位置相对较高（例如在高层建筑的情况下）或光伏模块布置得特别平坦时，才需要仔细考虑。

仅在光伏幕墙（垂直布置的光伏模块）的情况下才需要考虑主要位于光伏系统以南的照射位置（见图 7-5）。

对于可能产生的眩光，照射位置主要位于光伏系统西侧或东侧且距离其不超过约 100 m（见图 7-6）。在一年中可能会有延长的照射期，这对社区来说是一个相当大的干扰。

最好在规划光伏系统时对眩光进行评估，为了确定排放（眩光期），需要做出理想化的假设：太阳呈点状模块，即可以应用“入射角等于反射角”的反射定律；太阳从日出一直照到日落，即该计算模型提供了眩光最大可能的排放期，相关的光伏模块和辐射位置在公共坐标系中建立模块。基于此，前面描述的方法用于确定眩光可能出现的时间。当太阳照射到光伏模块上时，反射太阳的光线控制着眩光效果，只有从大约 10° 的角度开始，相应的模块才会引起额外的眩光。因此，在照射时间中只需考虑那些对太阳观察角度相差至少 10° 的模块。

基于《关于确定和评估风力涡轮机光辐射的指南》，如果考虑到所有周围的光伏系统，最大可能的眩光期每天至少 30 min 或者每个日历年达到 30 h，可能会造成较大的干扰，如果在个别情况下确定因眩光造成严重干扰，则建议采取以下缓解措施：（1）以墙壁或不透明植被的形式阻挡光伏组件的边缘；（2）优化模块安装，选择对齐或倾斜；（3）使用低反射度的模块。

由于没有普遍适用的规划措施，合适的措施类型和范围取决于当地的具体情况。在这种情况下，提前规划是有效而经济的方法，若造成影响，采取追溯措施，例如改变屋顶系统的倾斜角度或者安装屏蔽，这些措施成本是高昂的。

图 7-3　照射位置距光伏系统约 100 m 以上

图 7-4　光伏系统在照射位置的北部

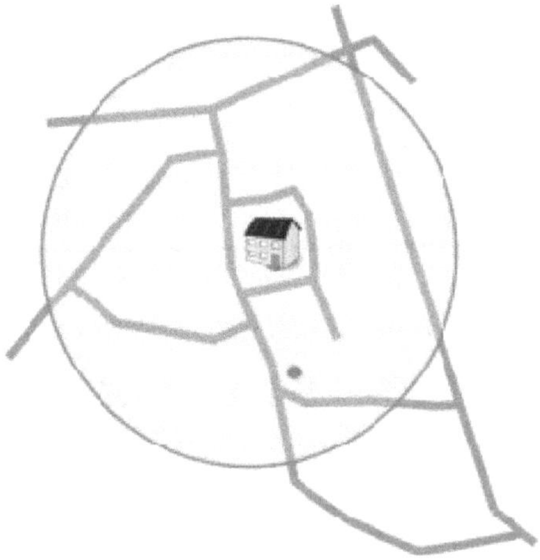

图 7-5　光伏系统位于照射位置的南边

图 7-6　光伏系统位于关键照射位置的西侧或东侧，小于约 100 m 距离

7.3　州光污染防治

处理光污染问题的主要是州环境当局，当前光污染管控较好的州有北莱茵-威斯特法伦州、萨克森州和巴伐利亚州。以下介绍北莱茵-威斯特法伦州和萨克森州光污染控制情况。

7.3.1　北莱茵威斯特法伦州

7.3.1.1　“光污染”分类和当前主题概述

《北莱茵-威斯特法伦州的光污染—初步清单》是由德国联邦自然、环境和消费者保护局（LANUV）在北莱茵-威斯特法伦州出版的。主要讨论了光污染问题及其在北莱茵-威斯特法伦州的现状。其中提出人造光可以说是人类最伟大的技术成就之一。在我们的社会中，几乎没有人能想象到没有人工照明的生活。在我们的外部世界，它有助于定位，服务于公共安全，并在黑夜中增加地点和单个物体的吸引力。多年来，LED 照明的使用越来越多，旨在通过提高能源效率降低碳排放。然而，户外照明的无处不在及其有时不加批判的使用引起了人们对充足光线对人类和环境负面影响的关注，尤其是在“光污染”一词下。光线最初会通过使生活区域变亮以及引起眩光来惹恼人们。时间变化和强烈色彩的光线可能特别令人不安。道路使用者可能会被强光源导致眩目。昆虫被人造光源吸引，鸟类的航向受到干扰，蝙蝠不能再在建筑物中使用它们的栖息地。此外，还有天空变亮的现象，这会明显限制星光熠熠的自然夜空不受干扰的能见度。以下是报告中提到的光污染问题的核心内容：

（1）光污染的定义和影响：光污染是指过度或不当使用人工照明导致的环境问题，它对人类、野生动物（如昆虫、鸟类、蝙蝠）以及夜空的自然黑暗造成负面影响。

（2）光污染的来源：主要来源于城市和地区的过度照明、未屏蔽的灯光、错误的照明方向和颜色，以及光的过度使用。

（3）光污染对人类的影响：包括睡眠干扰、健康问题（如增加某些类型癌症的风险）、安全问题（如驾驶时的眩光）以及生活质量的降低。

（4）光污染对环境的影响：影响生态系统，干扰昆虫、鸟类和蝙蝠等物种的自然行为和生物节律，如迁徙、繁殖和觅食。

（5）法律和政策：报告提到了德国和欧洲在光污染方面的法律和政策，包括《联邦排放控制法》（BImSchG）和《自然保护法》（BNatSchG），以及国际照明委员会（CIE）和德国照明技术协会（LiTG）的指南。

（6）卫星遥感技术：使用卫星遥感技术（如 DMSP 和 VIIRS）来监测和评估光污染的程度，这些技术可以提供关于地球表面人工光的分布和强度的数据。

（7）光污染的量化和评估：介绍了不同的方法和标准来量化和评估光污染，包括天空亮度的测量、背景亮度的评估和光污染的分类。

（8）北莱茵-威斯特法伦州的光污染情况：报告详细分析了北莱茵-威斯特法伦州的光污染情况，包括不同地区的光污染程度和可能的原因。

（9）减少光污染的措施：提出了减少光污染的策略和措施，包括改进照明设计、使用更有效的照明技术、实施光污染法规和提高公众意识。

（10）未来展望：报告最后讨论了光污染研究的未来方向，以及如何通过技术创新和政策干预来减轻光污染的影响。

这份报告强调了光污染问题的严重性，并提供了关于如何在北莱茵-威斯特法伦州和更广泛的地区内应对这一挑战的见解。

最近，减少光污染的强烈动力来自物种保护领域。人们早就知道，人造光对各种昆虫物种有吸引力或其他负面影响。人工照明被视为昆虫死亡的原因之一，德国联邦环境部于 2019 年启动了“昆虫保护行动计划”。因此，联邦参议院和联邦议院于 2021 年年中通过了《联邦自然保护法》修正案。自然保护区和国家公园的规定已补充光辐射方面的规范。即使在保护区之外，未来也要更好地保护动植物免受光线照射。未来，光辐射、照明技术和结构要求的标准和限值将适用建筑物、公共道路和路径以及发光广告装置（§41a，BNatSchG），其中的细节仍需通过法定文书确定（§54，BNatSchG）。2019 年，联邦自然保护署发布了一份关于重新设计和转换户外照明系统的指南。欧洲环境署与欧洲保护蝙蝠组织 2019 年还发布了关于在照明项目中考虑蝙蝠的指南。

关于在户外照明中使用人造光的要求，除了根据德国《民法典》第 1004（1）条第 906 款提出的防御性索赔外，还考虑了许多公法规定（BImSchG、BNatSchG、建筑规范与当地城市土地使用规划相结合的建筑规范、主干道法、州法律法规，如州建筑规范）。在这种情况下，只有关于“有害环境影响”概念的联邦排放控制法案（BImSchG）涵盖了上述所有影响，法律状况、现有的法律不确定性和进一步的监管方法在当前的各类文件中都有涉及。2018 年，LANUV 组织专家组进行了研讨，以对各种问题进行最新的总体评估，并确定可能的行动方案。由于迄今为止缺乏具有法律约束力的要求，LANUV 还在 2018 年发布了一份关于避免和减少干扰光照射的行动建议作为手册，该手册也用于建筑度假村。

除北威州外，其他联邦州也采取了减少光污染的措施，包括黑森州和巴伐利亚州。在全国范围内，在大幅减少风力涡轮机的夜间照明方面已经取得了相当大的成功。该主题目前正在 BImSchG 法律上未涵盖的街道空间照明领域由道路和运输研究学会的“光辐射”工作组进行研究。在国际上，多年来也开展了各种相应的活动。

LANUV 评估了北莱茵-威斯特法伦州光污染数据在环境问题方面的现状。基于 VIIRS 卫星数据，LANUV2016 年发布了新的《世界光污染地图集》，记录了全球范围内光污染程度的最新量化。这旨在为其他科学领域（如生态学、天文学等）提供数据基础。它是使用适用于光污染传播的特殊软件、新的高分辨率卫星数据和新的天空亮度精确测量计算得出的。根据这本世界地图集，世界上超过 80%的人口和超过 99%的欧洲人口生活在光污染的天空下。在对 G20 国家受光污染影响最大的人口进行比较时，德国在世界地图集中被显示为受影响相对较小的国家。然而，就面积而言，德国是受光污染影响最严重的 G20 国家之一。这意味着在德国，只有很小一部分人口受到最高级别的光污染影响（约 2%，＞3 000 μcd/m^2），但该国大部分地区受到较低但仍然相对较高的光污染的影响。

7.3.1.2　州光污染控制法规标准

根据 BImschG 排放控制的要求，应评估由照明系统在居住和睡眠区域引起的增亮，州照明指令规定了相应的标准，包括：光辐射强度的测量方法及其典型值（见州环境局制定《人工照明系统光辐射评估指南》），该要求与联邦州排放控制委员会（LAI）制定的指南要求一致，以下仅介绍光辐射测量及典型值，详见 7.3.1.3 节；州环保局还颁布实施了《人工室外照明—避免和减少破坏性光线照射的技巧手册》（LANDAUInfo 42，2018），室外照明无处不在，有时不加控制后使用会对环境产生负面影响，通常可以通过采取适当措施来限制或避免对舒适性或安全性的影响，该指南还介绍了商业和公共区域典型照明情况及其适用的措施，详见 7.3.1.4 节。

7.3.1.3 光辐射测量和典型值

对于在夜间自然黑暗的室外使用的各种人造光源，安装前应考虑其对环境的影响，特别是光密集型的商业照明系统，例如照明广告系统或泛光灯系统的环境影响，应纳入照明规划中。

对于已经建造和运行的商业照明系统，北莱茵-威斯特法伦州的照明条例要求保护公众免受来自发射光的干扰。据此，房间的亮度和任何可能的眩光必须保持在最低限度，可通过测量检查是否符合要求，必要时应采取缓解措施。除了这些要求外，还应避免对动物的负面影响，考虑对街道照明的影响。

公寓和住宅中的客厅和卧室等房间的亮度取决于相应窗户中入射光的照度，以勒克斯（lx）为单位进行测量。日常照度的典型参考值如表 7-5 所列。

表 7-5　典型参考值

阳光明媚的夏日	60 000～100 000 lx
阴沉的夏日	20 000 lx
阴沉的冬日	3 000 lx
满月之夜	0.25 lx
新月之夜	0.01 lx
办公场所	300～500 lx
运动场照明（运动场）	约 100 lx
阅读场景	0.5～1 lx

最大允许照度取决于照射位置的区域特征，即住宅区通常比商业区具有更高的保护要求，通常在 1～15 lx。

使用合适的照度计进行照度测量。方向测量原则上已经可以使用具有适当专业性能的简单设备开展。然而，对于官方的、法律相关的测量，应使用具有更高质量要求的校准测量设备。

对于眩光，评估心理眩光的决定性因素是光源的亮度（“亮度”），以每平方米坎德拉（cd/m^2）为单位。表 7-6 列出了一些典型的日常亮度参考值。

表 7-6　日常亮度参考值

100 W 荧光灯	10 000 cd/m^2
灯泡（透明）	1 000 000 cd/m^2
金属卤化物灯（透明）	10 000 000 cd/m^2
太阳照射（天气晴朗，由空气吸收）	1 000 000 000 cd/m^2
满月（天气晴朗，有空气吸收）	5 000 cd/m^2

然而，对于光源感知眩光效果具有决定性意义的是其与环境的“相对亮度”以及从照射位置角度能否看到光源，因此环境亮度（单位：cd/m^2）和光源的立体角（单位：sr）都要确定。由此推导出光源的最大允许亮度，该亮度值还取决于区域功能特性。表 7-7 给出了光源的最大允许亮度示例。

表 7-7　最大允许亮度示例

灯具表面积/m^2	到光源的距离/m	立体角/Sr	最大允许亮度/cd/m^2
0.25	50	1×10^4	1.0×10^3
0.025	50	1×10^5	3.2×10^3
0.01	100	1×10^6	1.0×10^4

注：比例因子 $k=32$，环境亮度 $L_U=0.1\ cd/m^2$

可使用合适的亮度计来测量光源及其周围环境的亮度。光源的立体角也可以通过测量或者通过已知几何关系的计算来确定，总的来说，可靠的眩光测量对测量人员的专业知识、测量技术和经验提出了较高的要求。

7.3.1.4 人工室外照明—避免和减少破坏性光线照射的技巧

《人工室外照明—避免和减少破坏性光线照射的技巧手册》（本节以下简称"手册"）介绍了在早期阶段可用于协调特定照明与环境保护问题的措施。建筑师和规划师可以从一开始就在其计划中考虑低排照明。市政当局可以在土地管理规划的框架内或通过建筑许可的要求来影响照明规划。

1. 室外区域、建筑物前院、停车场的照明

许多公司、商业和零售企业以及公共设施在夜间照亮其外部区域、建筑前院或停车场。根据用途，有些地方使用高杆系统前照灯（例如机场停机坪、港口的开放空间、运动场），有些地方则使用较低桅杆前照灯（例如停车场、编组场）。根据照明区域的类型和用途，选择不同的灯具、安装高度和照明水平。

如果距离不太远，分布式低桅杆灯通常比高桅杆系统更适合，以避免该区域的杂散光。照明应特别限制在需要照明的区域内，应避免与垂直方向呈 70°以上的横向光发射。非对称平面泛光灯应用于外墙，如有必要，还可用于桅杆。不应从外部看到所用灯具的光源。如果使用了运行探测器，则应防止对邻近的干扰，且开启持续时间不要设置得太短。如果车辆发出的光照射到邻近的住宅，则公共场所内的车辆通行可能会造成破坏性的光发射，建设性的视觉保护措施可以最大限度地减少以上问题。

2. 照明多层停车场、地下车库

出于消防安全原因，多层停车场通常采用开放式或半开放式立面建造。这意味着从外面也可以看到停车场的内部照明。根据邻近住宅区的位置和距离，此类停车库的内部照明可能会导致超过标准值，尤其是在夜间。

在多层停车场中，可以通过对较低的停车层进行密集照明，并在立面或灯上采取建设性的视觉保护措施，从而最大限度地减少光辐射。

在上层停车平台，灯光应指向待照明的停车和交通区域，不能从外部直接看到发光区域。这可以通过选择灯光、桅杆高度、定位来实现。

来自多层停车场或地下停车场出口的车辆发出的强烈前照灯光束也可能导致破坏性的光发射，例如在邻近公寓中随后的照明减排可能会出现问题，因此在规划之前应考虑结构并采取建设性的视觉保护措施。

3. 建筑物、物体、表面的照明

历史建筑、城堡、纪念碑、令人印象深刻的树木等都可以通过夜间照明来突出，并采用有针对性的方式设置场景。这种照明代表了一种有吸引力的夜间照明形式，但应考虑其对环境的影响对其进行优化。

照明应尽可能靠近物体，灯光最好从上到下对齐，尽量避免侧光以及外墙的大量照明。视面积而定，平均立面亮度不得超过 25 cd/m^2。为避免直接在表面看到发射光，可以采用面板、百叶窗或纱窗来防止这种情况发生。如果特意从下到上选择照明，例如使用落地聚光灯，具有优化光发射（光分布曲线）并与要照明的物体对齐的灯具，以及避免直接照亮已知的蝙蝠栖息地，操作时间应根据要求进行调整。

4. 照明广告系统、交替广告、视频广告系统

定向广告是一种产品或者公司的广告形式，用于许多公共空间的设计。通过这种方式，广告可以自发光或照射发光，通过光发射主题不断交替。其主要构造包括简单的标志、灯箱和发光的轮廓。

由于光广告要尽可能显眼，所以经常使用密集的光束和大的光面。如果住宅建筑就在附近，公众可能会受到照明排放干扰从而进行投诉。

对于照明广告，必须注意本地兼容性。如果安装在住宅楼和交通区域附近，则必须注意方向和能见度，以免产生干扰或分散注意力的影响，尤其适用于交替广告、交替光系统。例如视频广告系统和强烈彩色照明广告，视频广告系统在亮度方面必须是可调的（可调光）。对于广告塔或桅杆系统等大型系统，应确保与住宅之间有足够的距离。

灯箱和立面应朝向顶部且不透明。对于商店橱窗的内部照明，应排除从外部直接看到光源的情况。

交替广告系统的情况下，如城市灯板，图像一般最早在 10 s 后发生变化，

敏感的时间至少应在 30 s 后发生。对于 LED 视频板，即使是短期的可变图像时间也应在几秒钟内，例如视频剪辑或动画，也可能具有破坏性，因此应根据安装位置避免此类情况的发生。

照明广告的亮度（平均空间亮度）在黑暗环境中不应超过 300 cd/m^2，在明亮环境中不应超过 500 cd/m^2。

对于视频广告系统，亮度采用较低的值；白天亮度应适应环境亮度（最大 2 500 cd/m^2）。照明广告的运行时间应符合要求，必须检查夜间是否关闭或降低亮度。

5. 天空发射器和外部激光器

天空发射器一般用于商业用途或特殊活动，以在夜间黑暗时有效地吸引人们对场地的注意。如果来自强大前照灯的成束光束射向天空，由于空气中的光散射，它可以根据天气情况在数公里内可见，光束周期性移动变化的光模式尤其明显。

天空发射器会在住宅楼附近造成相当大的麻烦，由于其大范围的环境影响，使用应该受到限制。

在设置天射灯时，必须确保受保护（生活、工作）的居民无法直接直视天射灯光源的可能性。应避免射灯直接照射建筑物、人或动物，必须确保与系统有足够的距离（与受保护的社区距离至少 300 m）。

操作应限制在所需的时间，并在鸟类迁徙期间（2 月 15 日至 5 月 31 日 和 7 月 1 日至 11 月 30 日）关闭，如果关闭运行系统，可以减少破坏性影响。

以上陈述也适用于外部激光器。然而，由于其潜在危险，外部激光器将受到更严格的规定，并需要激光防护官员单独审批。

6. 批发和零售点照明

加油站、超市/折扣店、专卖店、五金店以及家具店的户外照明通常由各种发光的照明组件组成，广泛的照明可以导致该地区较为明亮，如果此类场所位于居民区，则可能存在不利的影响。

在规划和运行室外照明时，必须考虑对居民的保护需求。不必要的光照射对周围环境和社区（如果适用）的亮度由此类场所中的所有照明组件决定，必须作为一个整体来考虑。屋顶阁楼的照明（灯箱、立面）应从顶部遮蔽，使其不透明。在相邻建筑物上使用屏蔽的灯具，应将发射光限制在可用区域内。

7. 工厂、发电厂、商场的照明

在大型工厂、发电厂以及商场中，广泛的（室外）照明通常由各种照明组件组成，这是出于夜间操作时的职业安全、公共场所的交通安全或飞行安全的原因而规定的。相应的大型照明系统在夜间可能会很显眼，并对周围住宅造成干扰。如果与工厂、发电厂等距离较远，则住宅区通常不会受到直接影响，但商业设施通常临近住宅楼，从而对附近居民造成不利影响（见图 7-7）。

图 7-7　夜间工厂安全需要灯光照射，同时还应考虑排放控制

在规划和运行此类设施室外照明时，应考虑住宅的保护需求，尽量避免不必要的光辐射。此类系统中周围环境的亮度由所有照明组件决定，必须作为一个整体进行考虑。应尽量避免使用未屏蔽的灯具，并将发射光限制在可用区域内，应根据环境影响优化所用灯的光色（色温最高 3 000 K，蓝色成分低）。

8. 运动场上的泛光灯

对于户外运动，通常在黑暗中使用泛光灯。大功率灯安装在较高的桅杆上。即使从更远的距离也可以看到，并且在更广的范围内会出现不必要的发射光（见图 7-8）。

图 7-8　运动场上耀眼的泛光灯（源自百度图片）

作为规定，应使用非对称平面的发光表面且水平排列的泛光灯，将光线引导到运动区，确保桅杆靠近运动区，且保证桅杆高度足够（发光距离最大为光点高度的 2.75 倍）。

如果附近有住宅楼或交通路线，可以通过屏幕、障碍物或百叶窗来降低泛光灯的能见度。使用 LED 灯时，大灯的眩光效果会特别明显，泛光灯的工作时间一般应限制在晚上 10 点之前。

对于大型体育场馆中的泛光灯系统，根据现有技术通常不可能在紧邻范围内满足光辐射指导值的要求。如有必要，运行时间应限制在必要的时间范围内。

9. 温室照明

在温室中，植物生长利用自然光。因此，它们的覆盖物通常由透明玻璃或塑料组成。如果大型商业温室在夜间也进行人工照明，透入室外的光线可以照亮夜空（光块），则会加速植物的生长（见图 7-9）。

图 7-9　大型温室产生大型光块

为避免夜间大范围的光辐射，应采取变暗措施，使玻璃表面在很大程度上不透光（例如，采用织物条或卷帘）。

10. 工地照明

在固定或移动的建筑工地，工作有时会在黄昏或夜间进行。例如，可安装在起重机上的移动照明系统通常临时用于建筑工地照明。出于工作和交通安全的原因，有时在此类系统中会实施相对较高的照明水平。灯具通常根据需要放置在当前正在进行作业的任何位置。这会导致过高的光辐射，从而干扰附近居民，尤其是光辐射与建筑工地排放的噪声一起，导致公众投诉较多（见图 7-10）。

图 7-10　在建筑工地上常常使用不必要的耀眼的大灯（源自百度图片）

应尽可能避免将不必要的、破坏性的光排放到环境中，即使是在临时施工现场。施工现场的照明应朝向工作区域，应通过选择合适的灯、安装高度和对齐方式来防止从周围区域直接观察安装在起重机上的工作灯的光源。气球灯至少应对顶部进行屏蔽，为了在夜间保护社区，可能需要限制照明的运行时间。

11. 街道和道路照明

公共交通路线、交通信号灯和机动车辆的照明系统的照明不属于联邦排放控制法管理范畴。然而，这些系统可能会被认为造成危害的光辐射，如有必要，可根据具体情况进行评估。尤其是城区内的街道照明系统可能会对邻近的住宅区造成干扰。如果灯具靠近外墙放置，可能会对附近居民产生影响，特别是在近距离时，房间会变亮，并且可能会产生破坏性的干扰（见图 7-11）。

图 7-11 街道照明（如使用 LED 灯，也可以大大照亮住宅楼的外墙和房间）

在规划和操作交通照明系统时，还应注意环境的需要，并应尽可能避免不必要的光线照射。必须考虑灯具的选择、安装高度、对要照明的交通区域进行有针对性的灯光控制，必要时应在住宅区方向上安装屏蔽装置。应避免与垂直方向呈 70° 以上的横向光辐射。如果公园/绿地需要照明，可以采用靠近地面的护柱等屏蔽灯具。根据要求，在夜间（半夜切换）应考虑关闭或降低光辐射的输出。对于采用 LED 技术的交通灯，应建议减少夜间光亮度（调光）。

12. 风力涡轮机的照明

风能发电厂越来越多地用于分散式再生发电。由于高海拔地区更好的风力条件，多年来一直朝着更大的规模发展。由于此类系统必须能够识别飞机在黑暗中可能遇到的障碍，因此必须在桅杆上使用特殊的红色闪光灯进行标记。然而，由于它的显眼性，这种照明也可能被认为具有相当大的破坏性，特别是在有许多靠近生活区的风电场（见图 7-12）。

图 7-12　夜晚时的风力涡轮机

可用于该系统照明标称 Feuer W、红色 ES 的灯应限制最大光强。向下的光散射和灯具的可见度应通过屏蔽来限制。根据气象能见度条件，可以通过能见度控制将标称光强度降低到 10%。如果现场有多个系统（风力涡轮机），在照亮外围的系统足够的情况下，风力发电机组内的开关时间和闪烁顺序应该在时间上同步。还应关注基于需求的照明或更广泛的向下遮光的可能性。

13. 室外低排放照明技术措施（示例）

指南附录 2 给出了室外低排放照明技术的几个示例（见图 7-13 至图 7-16）：

（1）对称平面泛光灯常用于户外。由于它们通常向上倾斜安装，以便为空间提供良好的照明，因此可以从周围区域看到强烈耀眼的光源，并且部分光辐射会发散到天空中。

图 7-13　对称光辐射

（2）从排放控制的角度来看，不对称的平面灯通常是更好的选择。它们水平安装，因此不可能从外面看光源，并避免直接照亮天空。

图 7-14　不对称光辐射图

（3）大灯类型及其辐射特性应与照明目的相匹配。照明时应充分照亮所需物体，但不应向周围发射不必要的散射光。

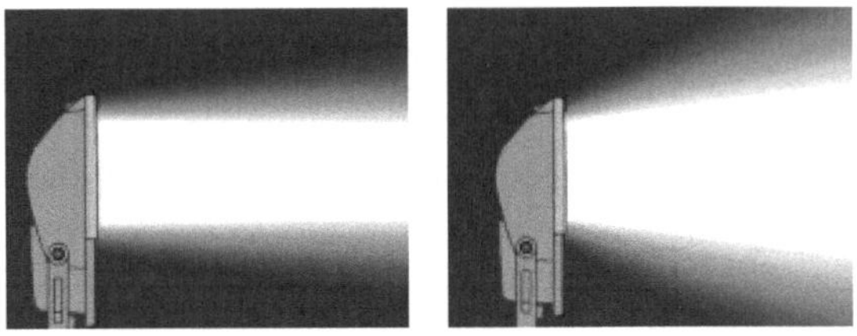

(a)　(b)

图 7-15　不同光束大灯
（a）窄光束大灯；（b）宽光束大灯。

（4）在大灯桅杆上的附加设备可以将光线专门引导到要照明的区域，并最大限度地减少对邻里的影响。

14. 环境友好型人工室外照明的十项标准

指南附录上给出了环境友好型人工室外照明的十项标准，分别是：

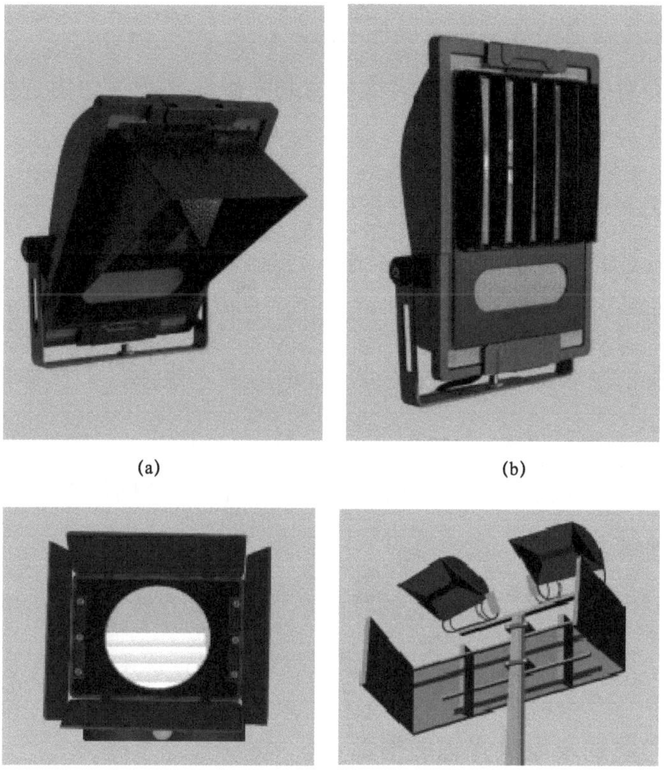

(a)　(b)　(c)　(d)

图 7-16　大灯桅杆上的附加设备

（a）带附加框架的大灯；（b）带防眩光百叶的大灯；（c）带遮阳帘的大灯；（d）带护罩的大灯（资料图）。

（1）与区域特征相适应。例如，适当的照明可以增加城市中心的吸引力，但不应在自然界中使用。

（2）考虑照明任务的规定要求。有针对各种照明目的的特定标准、安全或职业健康以及安全要求（例如街道照明的 DIN 规定）。

（3）在照明技术方面针对所使用的灯光和光源进行优化。选择具有优化光分布的合适灯具类型以及具有适当光输出和光源的颜色，这些基本上决定了照明的环境兼容性。

（4）在空间上将照明区域限制在所需的可用区域。通过将光引导到水平或垂直的可用区域，例如交通区域或被照亮的立面的光，应限制直接散射到周围环境中。

（5）不会对邻里或道路使用者造成眩光。必须遵守邻里恼人眩光的排放指南值，必须避免对道路使用者造成任何风险。

（6）不会对邻近公寓造成任何恼人的光入侵。必须遵守附近房间照明的辐射指导值。

（7）考虑交替灯光或视频广告系统对心理的不利影响。随时间变化的灯光或视频广告系统的灯光由于其特别显眼，可能特别具有破坏性。

（8）最大限度地减少对昆虫、鸟类和蝙蝠的破坏性影响。优化的户外照明可减少对昆虫的影响，不会分散鸟类飞行的方向，也不会干扰建筑物上栖息的蝙蝠。

（9）最小化天空的亮度。优化的户外照明几乎不会向周围环境产生散射光，尤其是向上散射光。

（10）限制使用时间。在需要的时间之外，例如在夜间休息期间，应减少或关闭照明。如果只是偶尔需要照明，设置良好的运行探测器更有效。

7.3.1.5 风力涡轮发电机光辐射指南

由于涡轮机转子的移动，风力涡轮机会在环境中产生光辐射并且对人的视觉产生干扰。自 1992 年以来，德国法院受理了这方面各种影响的案例，主要涉及对人的影响，个别情况下也涉及对畜牧业产生的负面影响。相关光学效应在系统周围环境中产生的影响随着系统规模的增加而增加。所以采取措施避免或减小对住宅等需要保护的区域的影响，不仅有利于保护受影响的公众，也有利于提高公众对系统的接受性，并且可避免冲突。

所有相关的光学效应都基于风力涡轮机运行中移动的转子。涡轮机转子投射的周期性阴影和风力涡轮机运动转子的光反射（“迪斯科效应”）之间存在区别，这两种效果只有在阳光充足的情况下才能发生。这些影响属于《联邦排放控制法》第 3（2）条定义的排放。然而，无论阳光如何，风力涡轮机本身的影响、转子运动的特殊性都会对环境产生一定的影响。1999 年，在基尔大学风力涡轮机附近进行的调查中，61.9%的受访者表示由于噪声而感到烦恼，43.5%是由于周期性阴影，65.0%是由于风力涡轮机的“视觉影响”。

对于已列出的阴影和光反射的光学辐射，目前没有具有法律约束力的评估限值。在环境当局的倡议下，近年来制定了评估标准，这些标准体现在由州排放控制委员会的光排放工作组制定的统一评估指令中，旨在规划、批准和法院程序方面实现统一的评估准则。

1. 光反射效果

当阳光普照时，风力涡轮机可能会对阳光反射产生有害性影响，类似于其他反射表面，例如玻璃窗，这种光照射可能会在照射位置具有相应的光强度和持续较长的曝光时间，从而产生相关干扰效应。由于以三倍旋转频率（三叶转子）周期性调制的光反射，风力涡轮机运行中转子上的反射也会产生影响。通过转子反射部件，只要来自和到达相应风力涡轮机的光线入射角和出射角匹配，就可以从参考/照射位置感知到反射。

研究者对光反射发生概率进行定量估计。评估进行了简化考虑（假设扁平转子叶片不考虑叶片形状，不考虑风向的短期变化），确定了来自天文条件的光反射至照射位置一年中的时间。由于太阳在天空中的运动，这种情况只能在很短的时间内（以分钟计）发生，而且由于云和决定自转的风向的气象影响，在所有天文上可能发生的情况中，这种情况只占大约 10%。为了确定相应发生概率和暴露时间，还需要考虑复杂的转子几何形状，目前在这方面还不能标准可靠地预测光反射的概率和暴露时间。

风能设备的光反射强度很大程度上取决于风能设备转子表面的反射特性。这会影响转子表面的光泽度和所选颜色的反射率。根据环保部门的建议，转子涂层应使用中等反射颜色和哑光级别。这最大限度地减少了可能产生的光反射强度。

如果考虑所提到的建议，根据目前的知识和评估，大概可以看出风力涡轮机中的光反射在联邦排放控制法的意义上对环境未产生有害影响，国家环境局最近没有接收到这方面的任何投诉或冲突情况。

2. 周期性阴影

当阳光充足时，风力涡轮机的结构后面会出现阴影，由于周期性旋转的转子，从而导致阴影产生对周围的干扰，近年来在法院的判决中屡屡得到证实，与环保部门的认定基本一致。

根据北莱茵-威斯特法伦州环保局的建议，可使用标准化计算模型找到单个风力涡轮机和周围区域 12 个辐射位置，得到特定系统对应的阴影区域，从而可以安全地排除发生周期性阴影对公众的干扰。

对于由阴影投射造成的干扰，暴露于相关辐射位置的持续时间被认为是决定性的。根据联邦州排放控制委员会的光照工作组确定和分配风力涡轮机的光学排放，敏感点位最大可能暴露持续时间为：考虑到风力涡轮机的所有累积的影响，不超过 30 h/a，实际的限制是敏感点位长期平均暴露时间最长为 8 h/a，并且不超过 30 min/d。如果超过规定的排放值，则可能造成相当大的干扰，应采取措施减少排放以确保符合排放指导值。

如果在选择特定位置时从一开始就考虑到这一点，则可以在规划过程中完全避免由周期性阴影引起的干扰问题。在可能的情况下，应选择电厂位置，以便所有值得保护的敏感区域都位于单个风力涡轮机的特定遮蔽区域之外。应考虑地形中的高度差异，例如在山上设置风力涡轮机，会影响阴影的范围。对处于风电机组遮蔽区域内的值得保护的敏感区域，按照上述预测评估，存在不可忽略的遮蔽期的，可以暂时关闭相关的风能系统。在有多台风力涡轮机影响的情况下，应分别考虑敏感点位。

7.3.2 萨克森自由州

萨克森自由州市政当局有机会控制或影响光照射的强度，例如通过城市土地使用规划或颁发建筑许可证时设置特殊条件。

城市土地利用规划，即使在规划发光系统时，也必须考虑社区的需求和保护，以避免可能的冲突。市政府具有约束力的城市土地利用规划可以通过将这些因素纳入开发计划的前期准备中，在规划中创建一个光散射框架。

根据州《建筑法》（BauGB）第 1（5）条，城市土地使用规划应有助于确保人性化的环境。在制定土地使用计划时，必须特别考虑健康的生活和工作条件、人口的社会和文化需求、体育、休闲和娱乐的兴趣以及环境保护问题。根据 BauGB 第 9 条第 1 款，开发计划可以规划防止《联邦排放控制法》（BImSchG）中所指的有害环境影响的预防措施，以及避免或减轻此类影响的结构性措施和其他措施。根据《建筑使用条例》（BauNVO）第 15 条，如果结构和其他设施可能因建筑区域的性质、建筑区域本身或其周围环境而造成不合理的干扰或干扰，则不允许被使用。这使城市和市政当局有机会在开发计划中规定发光系统的规范，例如：（1）调光装置的安装；（2）灯具的高度；（3）使用的灯泡；（4）夜间照明减少；（5）昆虫保护；（6）照明时间。

建筑许可证的要求。在建筑许可证中与排放相关的特殊要求中体现光污染。根据《萨克森建筑规范》（SächsBO）第 13 条，为了提前避免冲突，结构设施的布置或设计必须确保不会因物理影响而产生危险或不合理的干扰。例如，在泛光灯安装时，建筑许可证可以附有根据国家排放控制委员会的指示限制辐射光的条件。安装照明广告的条件受 SächsBO 第 10 条限制。但是，根据 SächsBO 第 89 条第 1 款，市政当局也可以通过法规发布当地建筑要求，例如，出于设计原因，完全禁止在某个地点进行广告安装。根据 SächsBO 第 61 条第 1 款第 11 项，可见面积超过 1 m^2 的广告装置须经批准才可安装。由发光装置和其发出的光束组成的广告系统（Skybeamer），受上述法规限制。

根据 SächsBO 第 10 条第 3 款，不允许在相邻的建筑区之外安装广告。除非另有规定，例如，演出地点的广告装置。然而，由于 Skybeamer 的光束范围为几百米，因此不仅对表演现场有影响，对建筑区以外的区域也有不可接受的影响。因此，在城镇郊区使用 Skybeamer 时，仔细检查光线是否对室外区域有影响是很重要的。

萨克森州根据相关法规要求帮助解决因光散射造成的滋扰在官方网站上发布以下内容：任何对光排放感到困扰的人都应该首先寻求与污染者进行事实对话。特别是在社区，通常很容易快速消除，因为那里所需的光照水平不是很高。在这种情况下，用较弱的灯替换明亮的灯、连接屏幕或更改光束角度以使相邻属性不被照亮通常有所帮助。在运动场上以及工业和商业部门，经常使用非常明亮的泛光灯来确保安全的比赛过程或符合职业健康和安全条件。在这些情况下，建议先与相应系统的操作员交谈。通常可以找到让双方都满意的联合解决方案或妥协方案。如果与工厂运营商的对话没有得出可接受的结果，则应由主管当局参与。后者可以安排测量以确定滋扰的严重程度，并在严重超过排放指导值的情况下，安排装置的操作员采取必要的措施。通常，如果收到有关室内人工增亮的投诉，则由负责区域的区域办事处或独立城市的环境办公室进行光线测量。州环境、农业和地质办公室负责测量光源的眩光效应。

7.3.2.1 光辐射评估

根据《联邦排放控制法》（BImSchG）第3节，有害环境影响是指在类型、范围或持续时间方面对公众或社区造成过量的排放。街道和建筑物上的室外照明发出的光，以及噪声或废气，都可能对人造成影响。因此，必须防止或减少有害环境影响的方式设置和运行发光系统。应完全防止根据现有技术可以避免的危险环境影响，并将不可避免的影响限制在最低限度。由于主观特征的比例很高，重大烦恼的客观评估通常很困难，根据LAI《光排放测量和评估指南》对光污染影响进行评估。

7.3.2.1.1 发光系统的评估

发光系统包括例如用于体育设施的泛光灯系统、用于工业区的照明系统、工作场所照明、照明广告或照明外墙。

1. 工商业方面

工业过程中恼人的光排放评估的依据是LAI《光排放测量和评估指南》。此外，在工作场所的指令《室外工作场所和交通路线的人工照明》（ASR41/3）和《室外工作场所的照明（草案）》（DIN EN 124642）规定了对各种工作区域的保护以及活动要求，其规定是确保在较长时间和困难环境下安全开展工作的最低照明要求。对于良好的光照或工作环境，必须确保对工作区域的亮度分布、照度、显色性和眩光限值有一定的要求。DINEN 124642还规定了室外照明系统对工作区域外人员和环境的破坏性影响的限制。

2. 运动和休闲方面

2003 年 7 月 22 日《撒克森体育资助指南》为体育俱乐部提供了体育设施的现代化或翻新和扩建资金支持。体育设施的改造通常包括一个新的泛光灯系统，这使得在晚上进行训练成为可能。然而，这越来越引发周边房屋开发的居民与运动场经营者之间的冲突。新的泛光灯系统必须符合《体育设施照明》（DIN EN 12193），该标准规定了主要比赛场地和外围区域的单项运动的照明要求。DIN EN12193 并未对限制运动场外泛光照明系统造成的干扰提出要求。对于运动和休闲产生的恼人光辐射的评估，可依据 LAI《光排放测量和评估指南》。

3. 交通方面

公共街道空间照明系统和车辆照明系统对于夜晚交通安全是必要的。街道和小径的照明也满足了人们在黑暗中对安全的普遍需求。出于交通安全的考虑，交通区域的照明可能会导致居民的照度水平略高于交通区域外发光系统的指导值。但是，为了公共安全的利益，必须接受这些排放，前提是已按照规定正确安装所涉及的交通灯。

7.3.2.1.2　房间增亮

为了评估由入射光引起的房间增亮，测量平均照度，例如在窗台上与照射指导值进行比较。这些指导值取决于该地区的使用类型和昼夜交替的时间。指导值见 7.2.2 节。

7.3.2.1.3　眩光

光源的眩光程度取决于该光源相对于周围环境的感知亮度。因此，为了评估眩光效果，必须确定光源的亮度 L、环境亮度 L_u 以及光源出现在相关人员周围的角度。为了评估照射情况，将测量的光源亮度 L 与从照射控制的角度来看限制的最大亮度值进行比较。该限制的最大亮度值 L_{max} 取决于环境亮度 L_u、光源出现在照射位置的立体角和比例系数。该比例系数的大小取决于该地区的保护价值以及昼夜交替的时间。

使用泛光灯系统等强光源时，即使在很远的距离内，仍可能达到具有眩光效果的高亮度水平。然而，由于到发射地点的距离很远，统筹不会导致房间增亮。

7.3.2.1.4 风力涡轮机投下的阴影

风力发电机周期性阴影是有害光辐射的一种特例，根据目前的知识，在值得保护的地区投射的最大可能阴影为不超过 30 h/a，对应于实际的限制是敏感点长期的平均暴露时间最长为 8 h/a，并且不超过 30 min/d，否则就会产生相当大的干扰。

7.3.2.2 对动物的影响

人造光源导致许多动物的生活环境发生严重变化，从而造成严重的环境问题。这就是为什么联邦排放控制法（BImSchG）除了保护人类免受有害环境影响外，还规定保护动物免受有害环境影响的原因。

对于鸟类来说，人造光源会干扰它们的自然生活节奏。在某些鸟类繁殖的情况下，人工光源的影响会导致繁殖季节提前，从而经常导致育雏损失。此外，候鸟以月亮和星星以及大型显眼光源为定位，这可能会导致与灯光发生碰撞或改变迁徙路线。

街道照明、夜间照明的工业和体育设施、大面积照明广告牌和其他人造光源吸引了大量来自自然栖息地的夜行昆虫。许多昆虫在进入灯光后因撞击、燃烧或饥饿而死亡。

对于光源的吸引力，除了光谱分布之外，亮度、与周围环境的对比度、辐射角度和光点的高度也是决定性条件。因此，在规划照明系统时必须考虑以下因素：

（1）必须按要求使用照明。只在需要的地方提供照明，而不会照亮夜空从而吸引昆虫。

（2）与其设置一个发光点高度大的高亮度聚光灯，不如设置几个亮度等级低、发光点高度低的聚光灯，往往更节省经济。

（3）昆虫对短波光特别敏感（蛾眼的最大光谱灵敏度约为 370 nm）。这就是为什么高压汞灯对昆虫的影响比长波钠蒸气灯强得多。在无法使用钠蒸气灯的地区，带有蓝色和紫外线过滤器的灯可以降低昆虫的影响。

（4）原则上，灯具的构造方式必须确保昆虫无法进入灯具主体。

7.3.2.3 市政当局

市政当局在制定城市土地使用规划或颁发建筑许可证时将光辐射的强度等作为特殊要求。

7.3.2.3.1 土地利用规划

在规划照明系统时，必须考虑邻里的需求和保护，以避免可能发生的冲突。市政当局将光污染防治要求纳入具有约束力的土地利用规划中。

根据《建筑法》（BauGB）第 1 节第 5 段的规定，土地使用计划应除其他外，有助于确保生活环境。在制定土地利用规划时，必须对健康的生活和工作条件、人口的社会和文化需求、与体育、休闲和娱乐以及与环境保护有关的问题等方面提出特殊要求。根据《建筑规范》第 9 节第 1 段，可以在开发中采用 BImSchG 所指的防止有害环境影响的规定以及避免或减少此类影响的建筑和其他措施计划。根据《建筑物使用条例》（BauNVO）第 15 条，结构和其他系统如果可能引起烦恼或破坏，则不允许使用，这意味着城市和市政当局可以选择在发展计划中规定对发光系统的要求，例如：安装调光装置、灯具高度、使用的光源、每晚减少照明和照明时长。

7.3.2.3.2 建筑许可证的要求

市政当局另一种影响方式是采用建筑许可中与排放相关的特殊要求。根据《萨克森建筑法规》（SächsBO）第 13 节，建筑设施的布置或设计方式必须确保不会出现危险或不合理的干扰，尤其是物理影响。为了提前避免冲突，在获得泛光灯系统许可证的情况下，可以根据联邦排放控制委员会的指示为建筑许可证提供限制光辐射的条件。

设置照明广告的条件由 SächsBO 第 10 条规定。根据 SächsBO 第 89（1）条，市政当局还可以通过法规发布当地建筑规定，例如，出于设计原因完全禁止某个地点的广告系统。根据 SächsBO 第 61 条第 1 款 11a，面积超过 1 m^2 的广告系统需要获得批准。广告系统 Skybeamer 是由产生光的设备和发出的光束组成，所以本法规也同样适用。

根据 SächsBO 第 10 第 3 款，不得在集聚区以外地区进行广告宣传，除非其他法规另有规定，例如表演场所的广告系统。由于天灯的光束范围为数百米，因此仅在演出场所可以使用，在城市以外的地区是不允许的。当在场地边缘使用天灯时，有必要精确地验证光线不会影响到外部区域。

7.3.2.3.3 帮助消除光线干扰

任何对光照感到烦恼的人都应该首先与负责人进行讨论。这种方式通常可以快速轻松地解决问题，用较弱的灯替换强灯，安装屏幕或改变光束角度，这样相邻的住宅就不会被照亮。非常明亮的泛光灯通常用于运动场、工业和商业领域，以确保可以安全地进行比赛和活动。在这些情况下，首先与相应系统的操作员沟通是更有效的，通常可以找到让双方都满意的解决方案或折中方案。如果与系统操作员的对话没有产生可接受的结果，则应向负责当局反映，从而启动测量以确定干扰的严重程度，如果明显超过了排放指导值，则由系统操作员采取必要的措施。通常在对人工室内亮化提出投诉时，负责地区的办公室或该城市的环境办公室应进行光测量。

第八章
意大利光污染控制

8.1 光污染控制立法情况

近年来，光污染呈现指数式增长的趋势，以意大利为例，意大利光污染增长率每年可达 7%～10%。由于光污染，超过一半的意大利人失去了看到银河系的可能性，即使在更晴朗的夜晚也是如此。在超过四分之三的意大利人口地区中，由于人造光过多，天顶天空的亮度大于航海暮光中的典型天顶亮度，导致在人们的视觉体验上，“夜晚从未真正到来”。在伦巴第大区、坎帕尼亚和拉齐奥，大约四分之三的人口已经失去了从居住地看到银河系的可能性，在更晴朗的夜晚也是如此。在利古里亚、艾米利亚-罗马涅大区和托斯卡纳，三分之二的人口处于相同的状况。在西西里岛、威尼托大区、皮埃蒙特、普利亚大区和弗留利-威尼斯-朱利亚大区，大约一半的人口看不到银河系。在撒丁岛和马尔凯，这一比例下降到大约三分之一，在阿布鲁齐下降到四分之一（见图 8-1）。

因此，亟须通过立法来促进公众照明习惯的改变，采取一种环境友好和资源节约的方式指导并规范夜间户外照明的发展。目前，意大利 15 个地区已经获准制定了光污染防治法律，包括：（1）威尼托 1997 年第 22 号法律；（2）瓦莱达奥斯塔 1998 年第 17 号法律；（3）托斯卡纳 2000 年第 37 号法律；（4）伦巴第 2000 年第 17 号法律；（5）皮埃蒙特 2000 年第 31 号法律；（6）巴西利卡塔 2000 年第 41 号法律；（7）拉齐奥 2000 年第 23 号法律；（8）坎帕尼亚 2002 年

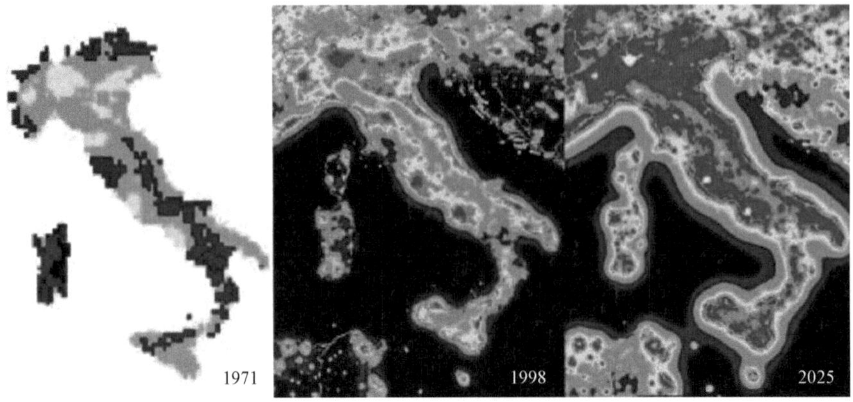

图 8-1　意大利的光污染增长预测情况

第 13 号法律；（9）马尔凯 2002 年第 10 号法律；（10）艾米利亚罗马涅 2003 年第 113 号法律；（11）阿布鲁佐 2005 年第 12 号法律；（12）翁布里亚 2005 年第 20 号法律；（13）普利亚 2005 年第 15 号法律；（14）弗留利-威尼斯朱利亚 2007 年第 15 号法律；（15）利古里亚 2007 年第 22 号法律。这些法律覆盖了意大利大部分人口及主要城市（包括：米兰、罗马、威尼斯、佛罗伦萨、博洛尼亚和那不勒斯）。意大利光污染防治法实施情况见图 8-2。

图 8-2 给出了意大利当前光污染防治法的实施情况。由图可知，能够有效限制光污染并且对该地区夜空亮度产生影响的地区法律包括：（1）伦巴第 2000 年第 17 号法律及其实施条例（伦巴第 2000 年 2611 号条例）；（2）伦巴第 2004 年第 38 号法律及实施条例（伦巴第 2001 年第 7/6162 号条例）；（3）马尔凯 2002 年第 10 号法律；（4）艾米利亚罗马涅 2003 年第 113 号法律；（5）翁布里亚 2005 年第 20 号法律；（6）阿布鲁佐 2005 年第 12 号法律；（7）普利亚 2005 第 15 号法律；（8）弗留利-威尼斯朱利亚 2007 年第 15 号法律和（9）利古里亚 2007 年第 22 号法律。一些地区没有光污染防治法律，使用标准 UNI 10819 标准进行管控，UNI 10819 是关于户外照明系统向上散射光通量的计算和验证方法。这项标准规定了户外照明系统中人工光源向上散射光通量的评估方法。它被用来确保照明系统不会对天空造成过度的光污染，同时保持足够的地面照明。

图 8-2　意大利光污染防治法实施情况

1997 年 6 月 27 日颁布的威尼托大区第 22 号法律是意大利批准的第一部反对光污染的法律。与当时托斯卡纳地区法律基本一致。然而这部法律有很多缺陷。主要问题包括：（1）光污染限值参数不足。向上发射的通量百分比是一个积分量，没有考虑污染效应的光发射方向，特别是没有充分限制低角度光通量，这是导致光污染最主要的因素。（2）所述参数定义存在不确定性，在某些情况下会导致系统能量异常消耗（向上光通量的百分比聚焦于“光源”的总能耗，有时会被误解为“灯”能耗而不是装置或设备的总能耗）。（3）不适用于私人设施，法条中“市政当局保证私人设施的适度照明”没有足够的约束力。（4）因所使用的规定没有约束力等诸多原因，不能避免过度照明。

8.1.1 伦巴第的法规要求

伦巴第地区法律（详见法律译文附件 4）旨在减少光污染和能源消耗，保护专业天文观测台和其他科学观测站开展的活动。大气光污染是指人造光在其功能专用区域外发射的现象。国家鼓励调整外部照明系统以执行国家能源计划。所有与公共及私人照明相关的规范必须符合该法的目的。各省负责控制外部照明用电，并传播法规原则，确保有受保护天文观测站的市镇能够严格遵守。市政当局必须在规定时间内制定有关新设施的照明计划，所有外部照明系统包括广告都需要经市长授权。通过定期检查和在发布建筑许可证时作出具体指示来控制光污染和能源消耗。不合规的光点须修改或更换以符合规定标准。相关行政处罚的收入用于使公共照明系统符合规定标准。制造商、进口商或供应商必须在光源上标注“根据伦巴第法律规定的抗光污染和低功耗”。禁止在纯广告中使用旋转或固定光束。优先采用自上而下的照明系统以避免光线向上和向外散射。费用支出由后续法律规定。在天文台站点范围内，使用不符合标准的照明系统将受到处罚。自本法施行之日起四年内，不符合标准的光源应更换或按要求进行改造以减少光污染和能源消耗。所有现有的高污染光源必须屏蔽或配备合适的装置以限制和引导光通量。没有自我照明功能的照明标志必须从上到下照明并在一定时间内关闭。照明停车场、庭院等场所中具有与特性相关的倾斜度系统的聚光灯、照明塔和反射器不得发送超过 0 cd。受保护的专业天文和天体物理观测站名单包括梅拉特天文台等。本法生效后一百八十天内，地区委员会发布适用标准。

8.1.2 马尔凯的法规要求

马尔凯地区 10 号法律详见法律译文附件 5。该法律旨在通过减少光污染的影响，保护马尔凯地区的环境和风景，并改善居民的生活质量。本法律中规定的光污染是指由灯光和人造照明引起的光辐射对健康和环境造成负面影响的现象。该法律适用于所有公共和私人活动，包括建筑物、广告、娱乐活动、运输和公共照明。为最大限度地减少和控制光污染，所有灯光和人造照明设备必须遵守国家和地方规定的标准和指南，所有室外广告牌和照明必须满足规定的限制和标准，所有公共场所、建筑物和工厂必须采取必要的措施。为了保护天文台和无光污染的区域，禁止在夜间使用明亮的灯光和照明设备。所有灯光和照明设备必须使用最先进的技术和设备以减少光污染。城市和市镇必须采取措施，确保公共照明的合理和节约使用，并鼓励居民在家中减少灯光和电力使用。所有电力供应商必须遵守规定的限制和标准，以减少光污染的影响。任何违反这些规定的行为都将被视为违法行为，并受到相应惩罚。为确保法律的执行，市政府和有关当局必须制定适当的措施和程序，并进行监督和执法。教育和公共场所应减少或限制灯光的使用，以减少对环境的影响。

8.1.3　皮埃蒙特的法规要求

为防止和减少光污染、正确使用能源资源，皮德蒙特地区于 2000 年 3 月 24 日制定了第 31 号地区法。该法经 2018 年 2 月 9 日第 3 号地区法修正和补充最终生成 2000 年 3 月 24 日第 31 号地区法律的修正案（关于防止和减少光污染以及正确使用能源的规定）。该法的目的是在公共照明服务普遍合理化的背景下，减少光和光污染，重点是减少消耗和提高设施的照明效率；保护植物和动物的自然生物节律，特别是避免鸟类的迁徙路线受到光污染；通过保护生态平衡来改善环境，自然保护区、Natura 2 000 网络站点（Natura 2 000 是欧盟的一个保护区网络，涵盖欧洲最有价值和最受威胁的物种和栖息地。它是世界上最大的协调保护区网络，遍及所有 27 个欧盟成员国，包括陆地和海洋。Natura 2 000 中的地点是根据鸟类和栖息地指令指定的）和第 19 号地区法律第 2 条中提到的地区以及生态网络中其他区域的保护物种。欧洲议会和理事会 2009 年 11 月 30 日关于保护野生鸟类的指令（附件一）和 1992 年 5 月 21 日关于保护自然生境和野生动植物的理事会指令 92/43/EEC 的（附件二和四）旨在减少由光学污染引起的眩光和视觉疲劳，以改善道路交通安全；保护具有区域或省级重要性的专业和非专业天文观测站的场地及其周围地区不受光污染；提高生活质量，改善城市中心以及纪念性和建筑性环境资产的所处环境。保护和加强风景名胜区，特别是保护夜景，以保持建成区内外的夜空光感知力。

8.2 法律中最重要的技术措施

8.2.1 限制照明

关闭所有的灯是限制照明最自然和有效的解决办法，但这显然是不可行的。在现代世界中，夜间户外照明是必须的。因此在限制照明方面主要考虑以下措施：允许增加夜间照明，但必须对城镇安装的任何室外光通量的年增长率和外部照明用电量的年增长率设定上限。设定最高限额是为了更合理地照明，更有效地使用灯具，在照明装置设计上采用较大利用系数；并且使用效率较高的灯具。当然，这些规定必须与避免光通量向上浪费的规定相结合。相关法律案例见 2000 年 3 月 27 日伦巴第地区第 17 号法律，该法律被认为是意大利目前实施的防止光污染的最佳法律之一。对城镇室外光通量的年增长率和外部照明用电量年增长率限制的做法与美国采用的方法稍有不同，美国一些法案是限制每平方英米的安装光通量。

8.2.2 整体要求

普遍认可的现代光污染防治法律中不可或缺的典型观点是有关制度要求的规定适用于整个所属区域。法律案例包括伦巴第、马尔凯、维尼托和托斯卡纳的光污染法。也就是说，需要在整个管辖区域内采取同等严格的规定，以有效地保护所有公民。不仅如此，全区域的保护实现了对天文观测站和自然公园等敏感地点的有效保护。事实上，向上的光通量在大气中传播的机制将沿着观察者的视线照亮分子和粒子（该机制散射此类光，形成发光背景，干扰对恒星的感知），其特点是光从光源往外传播达到 200 km 以上，实际上只有地球曲率构成了一个干净的夜晚有效的屏障。因此，应在较大区域范围内制定严格的措施

（例如宵禁），才能有效降低光污染导致的天光的影响。

8.2.3　采用的指标要求

一项有效的反光污染立法应该有两个方面的指标要求：一是真正有效的保护基础是将灯具在地平线上的直接光发射最小化，二是从被照明物体表面反射的光发射限制到所规定的最小值，避免过度照明，最好将被照明区域外散射的光包含在内。

1. 直接光发射限制指标

就第一点而言，如果要使一项法律生效，就必须在 90° 及以上（这个角度在照明工程中称为伽马角，是从穿过灯具的垂直线向底部开始测量的，因此伽马在平行于地平线的平面上为 90°，在灯具的天顶上为 180°）对光发射强度作出 0 cd/Klm 的限制。此限制必须适用于私人和公共照明系统。其重要性的原因以及与其他规定的区别在于：

意大利标准规则 UNI10819（限制光通量向上色散的规定）限制了所有上半球的积分量，即向上光通量比。它忽略了光污染的传播机制取决于发射方向，从而忽略了对光污染增加负有主要责任的通量部分。事实上，前者是从发光体向上发射的光通量与从发光体发射的总光通量的百分比，后者是产生的光污染的增量（完全可消除）与由发光表面产生的光污染相比（当减少到最低限度时不可避免），后者是以限制光污染为目的的参数。UNI10819 和威尼托法律给出了光通量百分比的限值：从光源发射的总光通量的 3%（该量通常称为 ULR 或 UFR）。但是，由于照明过程的效率很低，被照明物体的表面则向上反射了灯具少部分光。这个分数取决于系统的利用系数和设计方法。通常，意大利街道表面（深色沥青 CIE CII）反射的光通量不到灯具发出光通量的 10%。如果灯具每发射 100 lx，被照亮的表面向上反射 10 lx，如果我们允许灯具直接在天空中再发射 3 lx，则总向上光通量将为 13 lx。因此，我们增加了 13%的向上光通量（在实践中，精确的计算表明，这一数值往往更大）。

相反，使用完全屏蔽的装置，此时向上的唯一通量是从发光表面反射的通量，如果系统设计准确，在相同的亮度下，该通量可以小于未屏蔽系统产生的通量。因此，在标准规则 UNI10819 中出现的向上光通量的 10%限制是相对于全屏蔽系统而言的，允许向上光通量增加一倍。23%的限制则意味着允许向上光通量增加 2.3 倍。即使限值为 1%，也意味着允许灯具向上增加 10%的光通量，使照明表面产生的不可避免的光通量增加。

灯具和其中一个表面发射的光强分布有很大的不同，如图 8-3 所示。向上发射的光通量小于总发射光通量的 5%的灯具，通常由于其结构，光以小仰角发射，刚好在地平线的平面上（图 8-3（a））。然而表面光发射通常有一个强度分布，称为朗伯分布，小角度的强度小，朝向天顶的强度大（图 8-3（b））。因此，在地平线上以小角度发射的光主要由灯具产生。由图 8-4 可知，大角度发射的光往往只污染附近的大气；然而，小角度发射的光传播得很远，在离光源很远的地方照亮大气粒子，并与来自其他远光源的光线叠加，产生显著的人造夜空亮度。

(a)

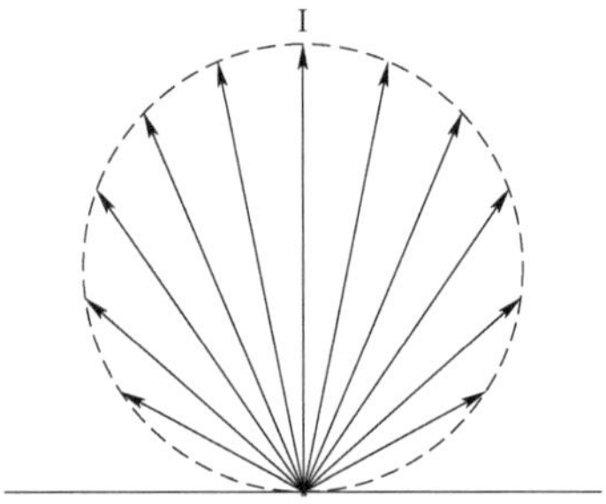

(b)

图 8-3　光强分布

（a）棱镜玻璃灯具：小角度大发射；（b）表面光发射：小角度光强度小。

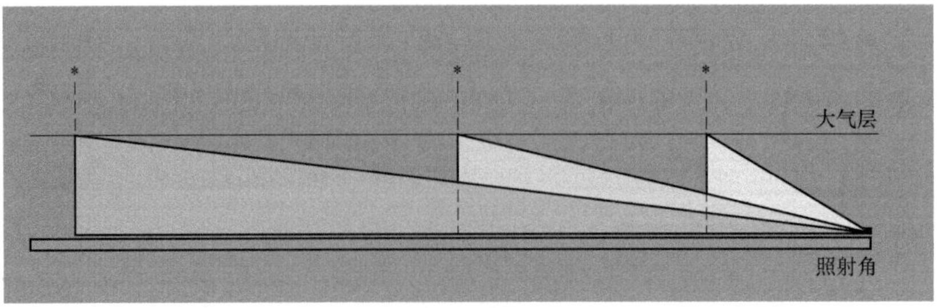

图 8-4　光发射角与照亮颗粒情况示意图

据估计，在距光源 20 km 处，天顶夜空亮度的 95%是地平线上以小角度发射的光造成的，人工夜空亮度主要受小角度发射的“远”光源的影响。例如帕多瓦，晴朗的夜晚，20%的天顶亮度是由该地区以外其他地区的光源产生的。像意大利这样人口稠密地区的国家来说，传播和叠加的过程尤其显著。在维尼托平面边缘的一个地点方圆 150 km 范围内，可以计算出 1 800 多个城镇都有数百或数千个灯具。

从灯具发出的直接向上的光通量，与从发光表面发出的光通量相比，似乎可以忽略不计，实际上在距离光源几千米处，构成了污染光通量的基本部分。为了减少这种通量对夜空的影响，只能采取措施尽可能减少灯具的直接向上发光。

如伦巴第 2000 年第 17 号法律规定 90 度及以上 0 cd/klm 的限值，表明测量值必须表示为整数，仪器的最低灵敏度必须为 0.5 cd/klm。事实证明，这一限值是足够的。Cinzano 等通过计算从道路发出的光的强度来验证该限值是否足够，他们考虑了 21 个非常常见类型的街道照明装置的样本，这些装置采用了各种设计、各种平均维持亮度、具有良好光学质量的半封闭道路固定装置，路面为标准沥青路面。对于每个装置，我们根据平均维持亮度和其他设计参数，计算整个道路在小角度（伽马角为 95°、100°、110°）下的发光强度，表 8-1 显示了样品纵向平均强度，为了尽量减少固定装置产生的光污染，法规中的限值必须至少为表中数值的十分之一。

表 8-1　不同伽马角对应的纵向平均强度

伽马角/°	95	100	110
21 个路面样本的纵向平均强度	2.0 cd/klm	4.0 cd/klm	7.8 cd/klm
从横向上看，道路发出的光的强度要小很多			

2. 反射的限制指标

有效限制光污染的第二个必不可少的标准是对过度照明的限制。伦巴第、维尼托和托斯卡纳法律中规定，道路表面平均维持亮度不得超过安全标准中所要求的最低水平，并在允许的情况下降低亮度。对于没有标准的情况，拉齐奥法律引入了 1 cd/m^2 的限制，这也在伦巴第和马尔凯的法规中规定，该值是大多数城市道路安全规则要求的典型亮度值。这一要求没有在标准规则 UNI10819 中体现。UNI10819 明确规定“不考虑被照亮表面的反射而对天空夜间亮度的限制”，其只在宵禁后减少过度照明，在其他时间没有任何限制。到目前为止，在意大利的法律和法案中，由于很难制定具体的限值，因此没有减少周围区域向下浪费的无用光具体限制。然而，该要求已经在一些规划中体现，必须最大限度地提高系统有效利用光的比例，以减少能源消耗。在未来的法案中，可以考虑向下浪费光的最高限制比例，比如 1%～10%。

8.2.4 制定照明计划

意大利早在 19 年就提出了照明计划实施指引，明确制定计划的目的就是减少光污染和能源消耗，提高道路安全，通过均匀照明减少破坏行为。鼓励晚间活动提升生活质量，合理利用城市空间。通过选择适当颜色、强度和类型的照明改善建筑美感，避免不必要的光线分散和环境对比。将照明与周围环境结合，创建高效节能系统，优化管理维护成本。保护天文台和科学研究，维护生态平衡，保护文化遗产。

在此之后起草了照明计划，大致内容包括：在设计照明系统时，需特别注意天文台等敏感区域的保护要求。同质化区域的分类可以根据道路特性、城市交通规划、法规标准或常识进行，如历史中心、商业区至郊区等，同时要考虑区域内的特殊需求和功能。制定照明方案前，必须分析现状：确定现有道路网络，根据道路法规和技术规范对道路进行分类。技术方面，照明参数应根据道路类别设定，选择适合城市和乡村环境的灯具特性，确保电气安全并提高能效，例如，通过调节器控制光通量和使用电子诊断系统减少维护需求。设计应考虑同质化区域的特定应用，如纪念碑照明、户外运动设施照明，并采取光污染防治措施，优先处理高风险区域如学校入口、购物中心附近等。计划还应包括工厂的维护更新计划和经济预算评估，确保资金使用与地区发展需求相符。文档工作包括制作市政平面图、现有设施布局图、功能区域分类图等，并提供相关报告，以支持决策过程。对于小型市政单位，可根据实际需要简化。

在进行现有工厂调查时，应通过检测来识别以下关键信息：（1）所有者与经营者（包括市政当局、非市政机构等）。（2）电源类型及使用的电量和配电方式。（3）安装的照明设备（如路灯、球体灯）及其支架种类（单杆、多杆、灯塔等）。（4）系统中灯具的种类分布（按光源类型如荧光灯、钠灯以及功率等级划分）。（5）存在的问题，包括眩光干扰、光污染、照度不均或照明不足。领域的合理划分和技术选择应考虑以下因素：地形特征（平原、丘陵、山地），划分为同质化区域：居民区、商业区、工业区等。主要气候条件对道路通行的影响、环境影响，如大型工业排放、海洋盐雾侵蚀等。在设计照明系统时，需特别注意天文台等敏感区域的保护要求。相同性质的区域分类可以根据道路特性、城市交通规划、法规标准或常识进行，如历史中心、商业区至郊区等，同时要考虑到区域内的特殊需求和功能。

8.2.5　敏感区的设置及保护

马尔凯地区法律将具有重要文化、科学和大众意义的非专业天文和天体物理观测站（这些观测站开展了具有区域级意义的科学和大众活动），列为光污染防治敏感区并进行保护。同样，伦巴第地区将具有区域重要性的专业天文观测台或其他开展科学和传播活动的科学观测台列为需要保护的敏感区。皮埃蒙特区域委员会在确定高度敏感地区时考虑到了以下因素：（1）根据意大利天文学会和意大利天文学联盟提供的天文观测站；（2）自然保护区、19/2009 号区域法第 2 条提到的区域生态网络中的其他区域，任何其他敏感区域和具有特殊保护意义物种的避难、繁殖、越冬、觅食和移动非常重要的地点；1992 年 2 月 11 日第 157 号法律第 10 条中提到的动物保护绿洲；（3）对光学污染敏感的纪念性、历史性区域。受保护的景观元素或在区域景观规划中被确认为具有景观价值的地区。

马尔凯地区的敏感区包括社会观测站、马尔凯天体爱好者协会的社会观察站、CEDES 社会观察站（卡斯特拉诺村，海拔 126 m），“蟹状星云”天体爱好者协会的天文台（海拔 900 m），里米尼 DLF 亲天体组织的天文台。伦巴第地区的敏感区包括：受保护的专业天文和天体物理观测站——梅拉特天文台；具有重大文化、科学及民间价值的非专业天文台，包括：塞拉菲诺·扎尼·迪·卢梅扎天文台等。还有 13 个从事受保护的科学或传播活动的非专业天文、天体物理和省级观测站。

马尔凯地区对敏感区的保护要求在法律第 7 条第 3 款所指的特别保护区内，新建公共和私人户外照明设施必须遵守法律附件 2 中第 1 至 7 项的规定，但不影响保护区的法律和保护区管理机构制定的更严格的规定：（1）对于不具有纪念性或不具有特殊和公认价值的私人或公共建筑的立面照明系统，绝对禁止自下而上的照明，并有义务在 24 h 内关闭，最大亮度为 1 cd/m^2；（2）对于具有特殊和经证实价值的建筑物和纪念碑的外墙照明装置：在 24 h 内完全关闭，但特殊情况除外。（特殊情况是指由马尔凯地区环境和建筑遗产监管局参加的会议上，作为本法规定的例外情况，确定的实施光污染整治目标的纪念性财产清单）；（3）广告牌：24 h 内关闭；（4）用于商店或各种机构的标志：在营业结束时和任何情况下在 24 h 之内关闭；（5）在本法生效后的三年内，所有现有的高污染照明装置，如球灯、灯笼或类似装置，都必须被屏蔽，或在任何情况下都必须安装能够控制和引导光通量的适当装置以及透明保护玻璃。

8.3 光污染控制标准

意大利光污染的主要标准是 UNI 10819（2021），该标准规定了用于评估照明系统人工光源散射光通量的计算和验证方法。该标准在以下应用领域考虑了户外照明系统：户外工作场所的照明系统（参考文献 UNI EN 12464-2）；街道照明系统（参考 UNI 11248、UNI EN 13201 和 UNI/TS 11726）；场地和运动区的户外照明系统（参考 UNI EN 12193）；纪念性建筑照明系统；住宅建筑室外区域的照明系统；公园和花园室外区域的照明系统。非常重要的是，该标准还考虑了室外区域的照明标志和照明广告系统，并规定了评估公共和私人区域街道照明系统和标准涵盖的其他系统发出的侵入光的计算方法。标准还规定了系统验证要求，验证照明系统是否按照标准建造，以及是否符合有关光污染的强制性法规要求。

第九章
西班牙光污染控制

光污染是近年来西班牙增长最快的环境问题之一，其负面影响非常明显，不仅影响夜间景观和生态系统，改变其生物多样性，还影响人类健康。由 2016 年的全球光污染地图可知，自 21 世纪 90 年代末以来，西班牙领土上没有一个区域没有受到人造光的影响。光污染是自然环境退化的一个因素，影响整个自然保护区的景观和生态系统，特别是位于城市环境附近的地区。光污染影响到所有在夜间环境中活动的物种，包括哺乳动物、鸟类、爬行动物、两栖动物、鱼类、无脊椎动物和植物等。除了这些问题之外，人工照明还是能源的大消耗者，1990 年至 2015 年期间，西班牙公共照明的电力支出以 4%的速度增长。西班牙照明导致能源消耗量为 5.4 TWh/a，相当于每年的支出约为 9.5 亿欧元，是欧盟人均照明消耗量最高的国家（绝对值排名第二）。

近年来，关于光污染的科学研究在西班牙得到了极大的促进。光污染防治是一个多学科的研究课题，因为除了能源和环境问题外，夜空的变亮会降低天文观测的质量（天文学），影响夜行动物的行为和繁殖（生物学）以及打乱人类昼夜节律（健康）。这些研究也推动了西班牙积极努力开展立法工作。但是，当前受限于上述光污染的多学科性质和学科之间的过度分割，尚未完成国家层面的专门的立法工作。西班牙政府正在采取控制措施，通过制定更严格的照明规定，并鼓励使用低光污染的灯具，以保护夜空的自然环境，同时提高公众对光污染危害的认识。

9.1 基本立法框架

2007 年 11 月 15 日，西班牙颁布实施的第 34/2007 号法律《关于空气质量和大气保护》中将光污染定义为：光在大气中悬浮的气体、气溶胶和颗粒上扩散和反射所产生的夜间发光或亮度，它改变了夜间的自然条件，阻碍了对天体的天文观测。应将天源或天体辐射的自然亮度和大气上层发光的自然亮度与安装在外部照明中的光源引起的发光亮度区分开来。该法律规定公共行政部门将在其职权范围内促进预防和减少光污染，以实现以下目标：（1）促进户外照明的有效使用，同时不影响为行人、车辆和财产提供安全的照明。（2）尽可能保留夜间的自然条件，以造福动植物和生态系统。（3）防止、尽量减少和纠正光污染对夜空的影响，特别是在可见光谱内工作的天文台周围。（4）减少对非照明区域的光入侵，尤其是对自然和建筑物内部环境。

1985 年 4 月 2 日西班牙颁布实施的第 7/1985 号法律《关于规范地方政权的基础》，确定了市政在防止光污染和提供公共照明服务方面的权限。对照明水平、夜间辉光和侵入性或令人不安的光线设置限制。

西班牙第 1890/2008 号皇家法令《户外照明装置能效条例》及其补充技术要求的目的是确定户外照明装置必须满足设计、执行和维护的技术条件，以便限制夜间光污染，并减少干扰光。条例第 6 条规定：为了限制夜间的发光亮度，减少侵入或干扰的光线，室外照明设施应符合补充技术要求 ITC-EA-03 中规定的要求。条例第 7 条规定：根据补充技术要求 ITC-EA-02 的规定，根据不同类型的室外照明，应满足最大亮度或照度水平以及均匀性的要求。

补充技术要求 ITC-EA-02 给出了道路照明、特定照明、装饰照明、夜间监视和安全照明、信号灯和发光广告、节日和圣诞节照明等照明水平，给出了一系列光技术或光度要求（亮度、照度、均匀性、眩光、环境比等）。照明设施的最大亮度或平均照度不得超过该技术要求中规定的平均参考水平的 20%。

补充技术要求 ITC-EA-03 给出了不同区域光污染的防治要求以及侵入或干扰光的限制。根据每个区域活动类型，对光污染防治区域进行分类，详见表 9-1。规定：除节日和圣诞节照明外，室外照明设施向发射天空的光将受到限制；室外照明设施产生的天空亮度取决于安装地点的上射光通比，与照明表面及其照度水平成正比，与设施的使用和维护系数成反比；在每个区域 E1、E2、E3 和 E4 安装的灯具的上射光通不得超过表 9-2 中规定的相应限值。除了符合表 9-2 的限值要求外，为了减少光线直接向天空发射以及照明表面反射的排放，灯具的安装还必须满足以下要求：（1）只照射需要照明的表面；（2）照明水平不得超过 ITC-EA-02 中规定的最大值；（3）该设施的使用系数和维护系数应符合 ITC-EA-04 中规定的最低值。

补充技术要求 ITC-EA-03 对灯具的要求是：在 E1 区，使用钠蒸气灯。如果无法使用该类灯，则应过滤波长低于 440 nm 的光辐射。

为了最大限度地减少来自室外照明设施的入侵或干扰光对公众的影响，技术要求 ITC-EA-03 还给出了侵入或干扰光限制要求，规定除节日和圣诞节照明外，室外照明设施的设计应符合表 9-3 中规定的以下参数的最大值：（1）窗户的垂直照度（EV）；（2）每个灯具在潜在滋扰方向发出的发光强度（I）；（3）建筑物表面的平均亮度（lm），该指标表征由于过度照明可能会产生不适；（4）发光信号和广告的最大亮度；（5）增强对比度阈值（TI），该指标用于控制眩光。

表 9-1　光污染防治区的分类

区域分类	描述
E1 系列	环境或景观较暗的区域： 具有国际地位的天文台、国家公园、自然景点、特殊保护区（Natura 网络、鸟类保护区等），道路没有照明
E2 系列	有亮度或低亮度区域： 城郊地区或城市郊区、不可开发的土地、农村地区和通常位于城市或工业住宅区之外的道路照明的部分
E3 系列	中等亮度或较亮度的区域： 城市住宅区，需被照亮的道路（道路交通和人行道）
E4 系列	较亮度或高亮度区域： 城市中心、住宅区、商业和休闲部分，夜间活动繁忙

表 9-2 不同区域类型的上射光通比限值

区域类型	上射光通比
E1 级	≤1%
E2 级	≤5%
电子 3	≤15%
第 4 页	≤25%

表 9-3 室外照明设施的干扰光的限制

发光技术参数	最大值			
	天文台和自然公园 E1	城市周边地区和农村地区 E2	城市住宅区 E3	城市购物中心 E4
垂直照明（EV）/lx	2	5	10	25
灯具发出的发光强度（I）/cd	2 500	7 500	10 000	25 000
外墙平均亮度（$L_{米}$ cd/m^2）	5	5	10	25
外墙最大亮度（$L_{最大值}$ cd/m^2）	10	10	60	150
发光信号和广告的最大亮度（$L_{最大值}$ cd/m^2）	50	400	800	1 000
增强对比度阈值	照明类			
	没有照明	ME 5	ME3/ME4	ME1/ME2
	TI = 15%对应于 L = 0，1 cd/m^2	TI = 15%对应于 L = 1 cd/m^2	TI = 15%对应于 L = 2 cd/m^2	TI = 15%对应于 L = 5 cd/m^2

2015 年 2 月 24 日第 36/2015 号通函《关于露天道路和隧道照明适用的标准（第一卷）》规定了州公路网中哪些道路应照明以及照明水平，以预防和减少光污染。

为了有效控制光污染，国家层面还发布或执行如下技术指南：《执行第 1890/2008 号皇家法令的技术指南》《LED 户外照明技术灯具的技术要求》《欧盟道路照明和交通灯绿色公共采购标准》。

9.2 环境评估

2007 年 12 月 13 日颁布实施的第 42/2007 号法律《关于自然遗产和生物多样性》，该法律的内容包括评估对 Natura 2000 网络有影响的任何项目。2013 年

12 月 9 日颁布实施的第 21/2013 号法律《关于环境评估》提到环境影响评估包括光污染及其与其他污染的协同效应。西班牙原环境质量和评估与自然环境总局 2017 年 3 月 6 日发布决议批准将分类群和种群列入西班牙濒危物种目录的指导标准，该标准给出的可能对生物造成威胁因素中包括光污染。

9.3 战略规划

西班牙的战略规划中也多次提及光污染。2030 年《自然遗产和生物多样性国家战略计划》（第 1057/2022 号皇家法令）将光污染确定为生物多样性退化和对海洋环境构成威胁的原因之一。由环境国务秘书处 2022 年 12 月 1 日发布的《2030 年的湿地战略计划》将光污染包括在已确定的主要压力和威胁中。《生物多样性与科学战略》（PCM/1341/2022 号令）明确光污染是生物多样性丧失的原因之一。

9.4 特殊敏感区保护

《关于保护加那利群岛天体物理研究所天文台天文质量》（第 31/1988 号法律）旨在保护加那利群岛天文台的天文观测质量，要求外部照明必须避免在地平线以上发射，并且必须按照监管规定的对天文观测干扰最小的方式进行。在所有室外照明中，灯具发出的光谱分布必须使 440 nm 以下所有波长的光谱辐射之和小于其总辐射的 15/100，如果超过该值，则必须应用符合规定的过滤器，过滤器必须接受至少两年的检查。道路照明灯具的构造必须使所有发出的光都投射到与灯具最低点相切的水平面以下。灯具的安装必须没有任何倾斜。为了有效落实法律要求，西班牙颁布了 243/1992 号条例，进一步明确了外部照明等的要求，此外，还颁布实施第 31/1988 号法律规定的户外照明装置的技术规格要求。

9.5 自治区立法情况

西班牙多个自治区颁布实施了光污染防治的法律要求，这些自治州包括加泰罗尼亚、巴利阿里群岛、坎塔布里亚、安达卢西亚、卡斯蒂利亚-莱昂、埃斯特雷马杜拉、纳瓦拉等自治区。以下分别进行介绍。

9.5.1 加泰罗尼亚自治区

加泰罗尼亚自治区议会已经在几项决议中宣布需要采取适当的行动来处理光污染引起的问题。1996 年第 89/V 号决议提到需要防止光污染；1998 年第 728/V 号决议敦促政府推动一项打击光污染的行动方案；1998 年第 616/V 号决议敦促政府成立一个技术委员会制定标准来规范此类污染。根据加泰罗尼亚自治法第 33.2 条的规定，2001 年 5 月 31 日，颁布了《关于保护夜间环境的照明环境监管的法律》。该法律的主要内容包括以下几个方面：（1）目的和适用范围：法律旨在监管室外和室内照明装置和设备可能产生的光污染，以保护夜间的自然条件、提高能源效率、减少光侵入家庭环境，并防止光污染对天空视觉的影响。（2）定义：明确了光污染、向天空扩散、眩光、光侵入、超耗等术语的定义。光污染是人造夜间光源发出的光通量，其强度、方向或光谱范围对于在安装灯具的区域内开展计划活动是不必要的。（3）豁免：规定了某些情况下可以免除遵守法律的义务，如港口、机场、军事设施等。（4）照明监管制度：包括分区制、限制和禁止、照明装置和固定装置的特点、季节性制度和照明使用时间等。（5）公共行政部门的行动：规定了公共行政部门在照明管理上的义务，包括确保照明的有效分配、使用适当的灯具、维护照明装置和设备等。（6）经济制度：设立了保护环境免受光污染基金，以及援助计划来促进户外照明的改造。（7）制裁制度：规定了违反法律的行为和不作为构成的行政违法，并设定了相应的罚款和处罚措施。（8）检查和管理的权力：赋予环境部和市议会检查和管理可能成为光污染源的照明的权力。（9）过渡性和最终条款：包括法律的生效日期、对现有照明设施的调整要求、公共照明的改造、合作协议的促进、监管实施的监督等。（10）附加条款：提供了关于法律实施的额外指导，包括对现有照明设施的调整、重大修改的照明设施的合规要求、检查和管理的授权等。

9.5.2 巴利阿里群岛自治区

巴利阿里群岛自治区颁布第 3/2005 号法律《关于保护巴利阿里群岛的夜间环境》。该法律的目的是对室外和室内照明装置和设备进行监管，该法律的主要内容：（1）目的和适用范围：法律旨在改善环境保护，通过有效和合理地利用能源以及降低夜间灯光亮度，同时不损害照明为行人、车辆和财产提供的安全。（2）定义：法律定义了室外路灯、行人户外照明、装饰性户外照明等术语。（3）豁免：某些情况下可以免除遵守法律的义务，如代表国家普遍利益的机场和港口、军事设施等。（4）照明监管制度：包括分区制、限制和禁止、照明装置和固定装置的特点、路面的光度特性、季节性制度和照明使用时间等。（5）公共管理部门的行动：公共管理部门有义务确保照明以最有效和最高效的方式分配光线，并使用最少的光量来满足照明标准。（6）监管发展：岛屿委员会负责制定和实施本法律所需的监管规定。（7）经济制度：设立了保护环境免受光污染基金，用于为实施本法及其实施条例所确定的措施提供援助和补贴。（8）制裁制度和检查控制的权力：违反法律的行为和不作为构成的行政违法，根据违规的严重程度，规定了不同的罚款金额和制裁措施。（9）附加条款和过渡性条款：提供了关于法律实施的额外指导，包括对现有照明设施的调整、重大修改的照明设施的合规要求、检查和管理的授权等。（10）最终处置：法律将在巴利阿里群岛官方公报上公布后的第二天生效，法律强调了光污染对环境和文化遗产的影响，并提出了一系列措施来减少这种影响，同时考虑到了巴利阿里群岛的特殊情况，如能源资源的外部依赖和旅游区的特点。

9.5.3　坎塔布里亚自治区

坎塔布里亚自治区议会颁布实施第 6/2006 号法律《关于防止光污染的法律》。该法律的主要目的是规范照明装置和设备，以防止光污染，提高照明系统的效率和节能，同时不降低安全性。以下是该法律的主要内容：（1）定义：法律定义了光污染、能源效率、节能、光侵入等术语，并明确了其目的，包括提高照明系统的效率和节能，保护环境免受光污染，以及保护景观和夜空。光污染是指人造夜间光源发出的光通量，其强度、方向或光谱范围对于在安装灯具的区域内开展计划活动是不必要的。（2）适用范围：法律适用于坎塔布里亚自治区内的照明装置和设备，主要针对外部照明，但也包括某些具有外部影响的室内照明。同时，规定了一些例外情况，如交通安全照明、军事照明等。（3）照明监管制度：包括确定参考光级别、分区制、技术法规、路面的光度特性、照明时间表等。政府将确定光通量的强度水平，并将领土按光污染的敏感程度进行分区。（4）公共行政部门的行动：公共行政部门有义务确保遵守法律及其实施条例，包括在城市规划中考虑公共照明的排放源，以及确保所有公共照明项目符合法律要求。（5）经济制度：设立了一个经济基金，用于防止光污染和提高能源效率，资金来源包括罚款收入、自治区预算捐款和其他捐款。（6）制裁制度和检查管理的权力：违反法律规定的职责和禁止事项的行为和不作为构成的行政违法，根据违规的严重程度进行分类，并规定了相应的罚款。（7）过渡性和最终条款：包括现有户外照明的调整、重大修改的照明设施的合规要求、合作协议的促进、监管发展的指导等。

9.5.4　安达卢西亚自治区

安达卢西亚政府于 2007 年 7 月 9 日颁布第 7/2007 号法律《关于安达卢西亚自治区户外照明管理的法律》，根据该法律，光污染是指构成夜间照明的人造光源发射的光通量，其强度、方向或光谱范围对于在照明区域内计划进行的活动来说是不必要的。有关光污染具体内容包括：（1）适用对象：安达卢西亚自治区内的公共和私人照明装置。不适用范围：港口、机场、铁路活动照明、军事设施照明、机动车辆照明、沿海标志照明等，以及非照明用途产生的光。（2）主要目的：防止和减少人造光对夜空的影响，保护夜间生态系统，促进照明的有效使用，减少光侵入，保护天空质量。（3）分区制度：E1 区：暗区，包括对光敏感的自然区域和天文观测区域。E2 区：支持降低光通量的区域，不包括 E1 区。E3 区：支持中等光通量的区域，包括市区、工业区、便利设施区等。E4 区：允许高光通量的区域，包括高建筑密度市区和夜间商业、旅游、娱乐活动区域。

9.5.5 卡斯蒂利亚–莱昂自治区

卡斯蒂利亚-莱昂自治区于 2010 年 12 月 10 日颁布第 15/2010 号法律《关于防止光污染和促进照明装置的节能》，该法律的主要内容是：（1）目的：保护环境免受光污染的影响，提高照明系统的效率和节能，同时不降低安全性。（2）适用范围：适用于卡斯蒂利亚-莱昂自治区内的公共和私人户外照明装置，以及对室外区域产生显著影响的室内照明。（3）定义：提供了光污染、节能、户外照明、室内照明、亮度、光的扩散或散射等术语的定义。光污染是指大气中悬浮的气体、气溶胶和颗粒物中光的扩散和反射所产生的夜间发光或亮度，它改变了夜间的自然条件，并使天体的天文观测变得困难。（4）分区制：将自治区领土按光污染的敏感程度划分为不同的区域（E1 至 E4），每个区域有其特定的照明参数和限制。（5）公共行政部门的义务：公共行政部门需确保遵守法律及其实施条例，包括在城市规划中考虑公共照明的排放源。（6）技术法规：法规应确定户外照明的分类、光照参数值、照明装置和设备的技术要求等。（7）检查和管理权力：规定了检查和管理的责任主体和程序。（8）制裁制度：违反法律规定的职责和禁止事项的行为和不作为构成的行政违法，根据违规的严重程度进行分类，并规定了相应的罚款。（9）过渡性和最终条款：包括现有户外照明的调整、重大修订的照明设施的合规要求、合作协议的推进、监管过程的指导等。

9.5.6 埃斯特雷马杜拉自治区

埃斯特雷马杜拉自治区关于规划及其环境影响评估以及项目的环境影响评估法律中有关光污染的主要内容包括：（1）目的：规范照明装置和设备，以防止并在适当的情况下改善埃斯特雷马杜拉自治区境内的光污染，以及促进照明系统的效率和节能，所有这些都不影响照明必须为行人提供的安全，以及车辆和财产安全。（2）光污染定义：光在大气中的气体、气溶胶和悬浮颗粒中扩散和反射而产生的夜间发光或亮度，它改变了夜间的自然条件，使天体观测变得困难。由于天体或物体的辐射以及大气上层的发光而产生的自然亮度必须与外部照明中安装的光源产生的发光区分开来。（3）适用范围：适用于位于埃斯特雷马杜拉自治区领土内的装置、固定装置或照明源的所有操作者或所有者。（4）标准要求：发光源的合理定位以减少光污染。使用符合本法律标准的灯具、相应的参考光水平和法规确定的其他技术规范。

9.5.7 纳瓦拉自治区

纳瓦拉自治区颁布第 4/2022 法律《关于气候变化和能源转型法》特别关注建筑物和户外照明的能源效率。这些条款构成了埃斯特雷马杜拉自治区关于户外照明和光污染管理的法律框架。目的是规范照明装置和设备，以防止并在适当的情况下改善埃斯特雷马杜拉自治区境内的光污染，同时促进照明系统的效率和节能，所有这些都不影响照明必须为行人提供的安全车辆和财产。主要要求包括：（1）公共管理部门应配备能耗最低的公共照明。（2）新建公共和私人户外照明装置应考虑生态系统利益、节能、减少光污染和保护公众健康。（3）公共管理部门应采取行动以确保遵守技术要求、提高效率、遵守能源等级规定、限制眩光和侵入性光线、符合亮度或照度水平、检查和维护以及建立制裁制度。（4）市政府可在具有特殊价值的地区建立更严格的光污染保护水平，并在四年内批准适应计划。（5）适应计划应包括现有照明分析、促进现代化的行动、实施计划和优先减少光污染和能源消耗。（6）将公布适当的技术规范汇编。（7）新装置和改造装置应使用市场上最有效的技术，确保发光性能。（8）所有装饰、广告和商业照明在夜间应保持关闭，除非有例外情况。（9）到2030年，特殊设施必须配备检测设备，仅在特定时间使用。（10）法规应规定夜间时间的划分和例外情况。（11）纳瓦拉政府应批准援助、研究、运动和公共计划，以促进公共照明系统的更换或改造。

第十章
日本光污染控制

10.1　光污染控制立法情况

1998 年，日本环境省制定了《光污染对策指南》，旨在通过优化室外照明，营造良好的光环境，为防止全球变暖做出贡献，并经过多次修订，最新版本为 2021 年的修订版。《光污染对策指南》定义了不同类型的光环境，给出了良好光环境形成的必要条件，包括配光、上方光通量比、亮度（亮度分布）、光颜色（相关色温）的指导值等。2000 年环境省制定了《区域光环境规划编制手册》，用于指导地方制定区域照明环境计划。2001 年环境省制定了《光污染防治制度指南》，用于指导地方政府建立光污染防治制度体系，采取光污染防治措施，增强光污染防治意识。据此，日本国家层面上构建了两个星空保护区：西表石垣国立公园和东京都·神津岛村；地方政府制定了光污染防治条例，如《井原市守护美丽星空光污染防治条例》《鸟取县星空保全条例》等。此外，一些景观规划如《石川县金泽市金泽风格的夜间景观整备计划》（2014 年 3 月）、《东京都晚安景观规划指南》（2019 年 9 月）给出照明行业光污染防治要求。

在推进光污染对策时，除了上述指南外，日本还制定了相关的法律、法令、标准、技术指南等，包括：

1. 高效利用能源（节能）

能源合理利用法（节能法）（2018 年）；

耗能设备等制造商对照明设备能耗性能提升的判断标准（2019 年）。

2. 自然公园

自然公园法（2019 年）。

3. 普通照明

JIS Z 9110《照明标准通则》（2010 年）；

JIS Z 8113“照明术语”（1998 年）。

4. 安全灯/路灯

日本安全设备协会“安全照明指南第 6 卷”（2019 年）；

日本照明工程学会 JIES010《行人安全保障的室外照明标准》（2014 年）；

日本照明工程研究所 JIEG011《户外步行空间中 LED 照明令人不快的眩光指南》（2018 年）。

5. 道路照明

JIS C 8131《道路照明设备》（2013 年）；

JIS C 81051“第 1 部分：安全要求的一般规则”（2017 年）；

JIS Z 9111《道路照明标准》（1988 年）；

国土交通省《道路照明设施安装标准》（2007 年）；

日本道路协会“道路照明设施安装标准/说明”（2007 年）；

国土交通省《LED 道路/隧道照明引进指南（草案）》（2015 年）。

6. 各种设施的照明

JIS Z 9126“室外工作场所的照明标准”（2010 年）；

JIS Z 9127《运动照明标准》（2020 年）；

国土交通省《公共建筑施工标准规范（电气设备施工）》（2020 年）。

7. 景观/户外广告

户外广告法（2020 年）；

国土交通省《户外广告条例指南》（2018 年）；

国土交通省《广告投放指南》（2018 年）；

国土交通省《投影测绘实施手册》（2018 年）；

日本照明工程学会《景观照明指南》（1997 年）。

8. 地方政府

基本环境计划；

环境保护条例；

景观条例；

户外广告法规等。

10.2　日本光污染控制指南

1998 年，日本环境省制定了以形成良好光环境、防止全球变暖为目的的《光污染控制指南》。随着全球对光污染防治的要求越来越高，国际照明委员会（CIE）公布了《室外照明设备的干扰光限制指南》（以下简称“CIE 150：2003”），基于此，环境省于 2006 年进行了修订，制定了《光污染控制指南修订版》。2017 年，CIE 发布了《室外照明设备的干扰光限制指南》第 2 版（以下简称“CIE 150：2017”），并且随着 LED 照明的普及，加快传统照明向 LED 照明的推进，为了形成“良好的光环境”，在充分考虑人、动植物以及对夜空亮度的影响的基础上，环境省于 2021 年对该指南再次进行修订，以下是日本光污染控制指南的主要内容。

10.2.1　概要

光污染防治指南以控制光污染，在室外形成“良好的光环境”为目的，给出关于照明对人、动植物、夜空亮度等带来影响的方针和对策的同时，也给出照明的理念和方式。该指南不适用于道路交通和安全性的照明。

指南中的主要定义如下。

1. 光污染

“光污染”是由于人造光的不恰当使用或操作，带来漏光或其他不良影响而干扰“良好光环境”形成的情况。“光环境”包含了人工光、自然光以及无光情况等不同亮度的环境。“良好的光环境”是考虑地域的社会状况、生态系统、夜空在内的自然环境特性，通过适当的照明确保社会的安全性、高效性、舒适性和良好的景观，充分考虑到节能以及对自然环境的影响最小化的光环境。

该指南所指照明包括室外所有照明：① 道路照明，如安全灯、路灯等；② 户外广告照明，广告附带或内置的照明、视频显示设备（数字标牌等）；③ 户外装置的照明，自动售货机、移动招牌等；④ 室外展览照明，汽车经销商室外展厅、房屋展厅等；⑤ 户外运动设施照明；⑥ 室外工作场所的照明；⑦ 景观照明，包括探照灯、灯光、活动等中暂时使用的照明。

2. 光环境目标——光环境类型

日本从保护区域社会环境、自然环境、星空观测等当地资源的角度，设置“光环境类型”。根据 CIE150：2017，将光环境类型分为 E1 至 E4，并分别设置指导值。市级地方政府应针对每个地区的光环境类型，采取相应的措施。对于光环境类型，地方政府既可以对其辖区整体设置一个光环境类型，也可以对辖区设置更加细化的类型。此外，即使目标区域的光环境类型不明确，照明设计者也需要根据区域现状条件判定光环境类型并进行相应的照明设计（见表 10-1）。

表 10-1　光环境类型

E1	自然公园等户外照明设备安装密度较低的区域，应保持黑暗的地区
E2	在村落、郊外的住宅地等，主要装设道路照明灯和安全灯，周边亮度较低的地域
E3	城市住宅区等地，装设了一定程度的道路照明灯、街灯和室外广告物等，周围亮度中等的地区
E4	大城市中心部、繁华街等地，室外照明和室外广告物的装设密度高，周围亮度高的地区

10.2.2　LED 照明的普及和光环境的现状

LED（Light Emitting Diode，LED）是一种发光的半导体（固态发光器件）。LED 照明具有以下特点：① 固态元件，寿命长。② 由于几乎不含人类不可见的紫外线或红外线辐射，可减少因紫外线辐射造成的产品褪色和红外线辐射造成的热损伤。③ 发光效率高，用更少的功率就能点亮。④ 瞬间点亮。⑤ 即使在极低温度下也能点亮。LED 照明效率高，可以降低耗电量和电费，因此具有很高的经济效益。此外，与传统户外照明主要使用的荧光灯和水银灯相比，LED 是点光源，配光控制更容易。通过有效利用 LED 照明技术并合理布置而不过度安装，可以形成更好的光环境，为防止全球变暖做出贡献。当前，日本以荧光灯和水银灯等为主体的室外照明正在快速被LED照明取代，目标是到2030年100%室内外非住宅照明灯均为LED的高效照明（见图10-1）。

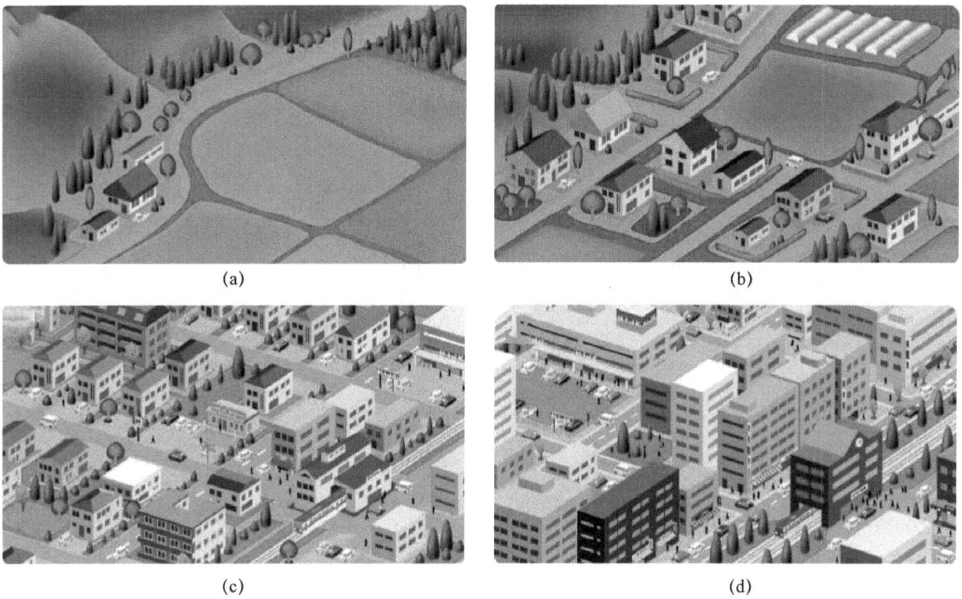

图 10-1　不同光环境类型示意图

（a）E1；（b）E2；（c）E3；（d）E4。

在日本全国范围内，正在努力将安全灯和路灯转换为 LED，主要目的是降低能耗。在某些情况下，LED 的使用不仅降低了电费和管理成本，还提高了该区域的亮度（照度），让居民感到更加安全。另外，如果照明设计没有得到充分检查，可能会导致亮度过高和眩光，从而造成光污染。同样，在户外广告中，亮度过度和眩光、闪光，以及闪光的光色都可能造成光污染。由于使用 LED，区域变得更亮是全世界的趋势，以东京山手线区域为中心（约 400 km^2）观察天空同步辐射强度变化，辐射量以平均每年 2%～3%速度增长。此外，这种夜间亮度增加的趋势不仅在市中心，在郊区也可以看到，尽管增长的同步辐射量很小。

在考虑光污染时，光的波长是一个重要的参数，在相同光通量和相同色温

（5 000 K）条件下 LED 和荧光灯的光谱如图 10-2 所示。图 10-2 的横轴表示光的波长，纵轴表示各波长的强度。由于光对环境的作用根据波长而不同，因此为了正确判定光对环境的影响，需要确认各波长的强度。波长 400～500 nm 是通常所说的蓝光的波长范围，LED 在此范围内呈现峰值。通常，色温高的青白色光相对地包含较多的短波长的光，该指南使用色温作为控制蓝光影响的指标。

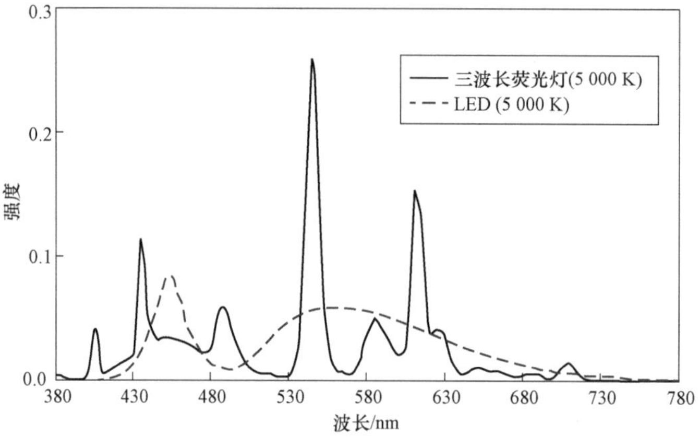

图 10-2　相同光通量和色温（5 000 K）条件下 LED 和荧光灯的光谱分布图

10.2.3　室外照明环境影响防治

1. 室外照明对人的影响

人工光对人的影响受很多因素的影响，即使是在同一种人工光下，年龄、性别、视觉功能、职业、兴趣、感觉、心理状态，或者季节、气候、天气、时间、场所、根据其他环境条件不同，个体受到的影响大小也不相同。为了达到交通、安保、生产、商业活动、观光等照明目的，在尽可能少地耗电的同时，减少人工光对人的不利影响是很重要的。光对人的影响主要是以下三个方面：

（1）对舒适性的影响。作为舒适度的影响，室外照明的光侵入可能会妨碍住户的睡眠和隐私。此外，从建筑物、商店、橱窗和视频显示设备（数字标牌等）泄漏的光可能会由于眩光等而使行人感到不舒服。探照灯、激光束等的使用可能会引起当地居民普遍不适，影响当地景观。

（2）对安全的影响。户外照明的选择和安装不当可能会导致照明区域的照度不足或难以看到或产生不舒服的眩光，这可能会危及安全。

（3）对昼夜节律的影响。人的昼夜节律是由大脑在夜间分泌的褪黑激素进行调节的。如果在分泌黑色素时，受一定量以上的光照射，就会抑制黑色素的分泌。近年来发现，与低色温光中包含的波长较长的光相比，高色温光中包含的波长较短的蓝色光抑制黑色素分泌。另外，报告显示，即使生活照明比较暗（50～100 lx）也会抑制黑色素的分泌，黑色素分泌的时机会延迟。由于昼夜节律与睡眠有着很深的关系，所以夜间最好使用蓝色光比较少的低色温照明。此外，蓝光对视网膜损伤和眼睛敏感度也有影响，每种波长带来的影响程度因受影响的个体而异。

2. 对动植物的影响

人造光以各种各样的方式影响动植物。这种程度根据动植物的种类和环境条件和季节等千差万别。重要的是，在同一个环境中生存繁衍的不同种类的动植物之间存在着极为复杂的食物、寄生等关系，从远处被人工光吸引而来的昆虫等，也有与之密切联系的动植物，动植物之间的关系是错综复杂的。因此，即使在照明设备周边没有特别需要保护的动植物的情况下，或者对特定物种的影响程度未知的情况下，也要尽量抑制人工光的影响，这是非常重要的。

3. 应对室外照明对环境影响的措施

良好光环境要求户外照明有环境保护的对策，考虑的要素包括配光、上光通量比、亮度（亮度分布）以及光色（相关色温）。重点说明每个要素如何满足指导值。即使满足指导值，也可能因一些情况而受到光污染的影响，因此需要根据不同情况做出适当的判断并给予充分的考虑。

4. 目标指导值

表 10-2 中显示了不同的光环境类型下，主要照明种类和应考虑的影响、指南设定的指导要求。

除了 CIE150：2003 中的环境区域 E1 到 E4，在 CIE150：2017 中添加了一个新的环境区域，光环境类型 E0 区，即基本是黑暗的区域。属于 E0 区的例子包括联合国教科文组织的星光保护区、IDA 暗夜公园、研究重点光学天文台等，设定了严格的指导值，指定方向的最大发光强度值在熄灯之前甚至都是 0，要求对于重要研究的光学天文台，圆周 100 km 内的所有位置都必须遵循 E1 或 E0 建议。以日本国内天文台西滨天文台为例，该天文台周围大约 100 km 的区域包括多个城市地区，如神户市、鸟取市等（见图 10-3）。可见，日本目前很难满足 E0 中描述的指标要求，因此日本光污染控制指南所示的光环境类型中不包括 E0。

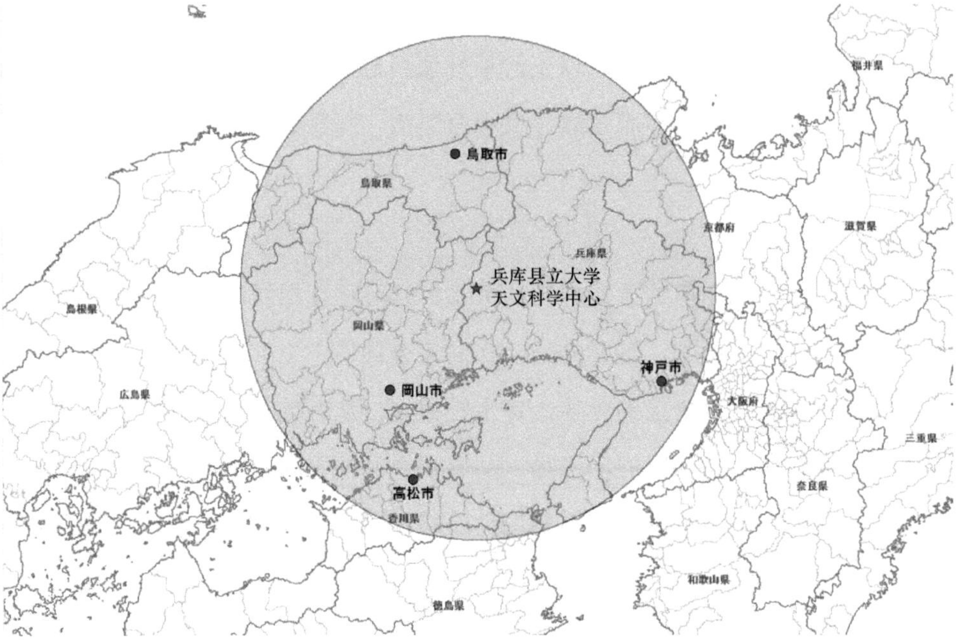

图 10-3　日本兵库县立大学天文科学中心西滨天文台及其周边 100 km 范围

10.2.4　室外照明环境影响措施

1. 配光分布

所谓配光分布是指从照明器具发射的光向各个方向的发光强度的分布。当配光未被适当控制的情况下，会产生漏光或光侵入。在照明设计时，明确照明区域，在考虑周围状况的基础上，使漏光最小化对于防治光污染来说具有重要意义。这不仅适用于道路照明灯等照明设备，在室外广告物照明、室外构筑物照明、景观照明等。

表 10-2 日本光污染控制指南中设定的指导值

	光环境类型	区域对象	主要照明种类	应考虑的影响	指定方向最大光强/cd		最大垂直照度/lx		发光面的平均亮度的最大容许值/cd/m^2		上方光通量比的最大容许值/%	目标设定示例
					熄灯前	熄灯后	熄灯前	熄灯后	建筑立面	招牌		
低	E1	·自然公园 ·自然景观地区 ·田园内地等	道路照明灯 安全灯	对动物的影响 对植物的影响 对夜空亮度的影响	2 500	0	2	0	熄灯前：<0.1 熄灯后：0	熄灯前：50 熄灯后：0	0.0	（1）设置室外照明，考虑到对自然环境和农作物的影响； （2）保护星空
↑	E2	·郊区 ·农村、山村、村落等	道路照明灯、 安全灯 街路灯	对居民的影响 对行人的影响 对动物的影响 对植物的影响 对夜空亮度的影响	7 500	500	5	1	5	400	2.5	（1）设置室外照明，考虑到对自然环境和农作物的影响； （2）防止对居住者的影响； （3）星空保护
↓	E3	城市周边 城市周边的住宅区 市区（工业区）等	道路照明灯 安全灯 街路灯 户外广告照明 户外安装照明 户外展览照明 户外工作场所照明	对居民的影响 对行人的影响 对夜空亮度的影响	10 000	1 000	10	2	10	800	5.0	（1）平衡对居民的影响，改善居住环境； （2）考虑对夜空亮度的影响
高	E4	城市中心 繁华街 商业街 办公区等	道路照明灯 街路灯 户外广告照明 户外安装照明 户外工作场所照明	对行人的影响 对夜空亮度的影响	25 000	2 500	25	5	25	1 000	15	（1）提高城市夜景的设计性； （2）广告物、设置物中照明的使用合理化； （3）考虑对夜空亮度的影响

在 CIE 150：2003 和 CIE 150：2017 中，作为用于抑制漏光的基准，设定了向指定方向的最大光度值、最大垂直照度值、发光面的平均亮度的最大容许值。根据这些，本指南也设定指导值等。如果无法设置调光时间，最好采用较低的值。

1）指定方向最大发光强度值

指定方向的最大发光强度值可以作为标准（见表 10-3，见图 10-4），抑制对周围人群的影响。指导值参考 CIE 150：2003，根据光环境类型设置。

表 10-3　指定方向的最大发光强度值（基于 CIE 150：2003）

光环境类型	熄灯前指定方向的最大发光强度值/cd	熄灯后指定方向的最大发光强度值/cd
E1	2 500	0
E2	7 500	500
E3	10 000	1 000
E4	25 000	2 500

注：在 CIE 150：2017 中，由于指定方向的最大发光强度值是以灯具的发光面和观察距离为参数，难以评估，因此本指南中引用了 CIE 150：2003

CIE 150：2003 为了抑制对周围人的影响，给出了指定方向的最大发光强度值，但需要考虑到安装照明设备的现场情况来设置指定方向。如图 10-4 所示的体育设施照明，开发了一种照明灯，其指定方向在光轴上方 15°，发光强度等于或小于 E1 型光学环境下的最大发光强度。如图 10-5 所示，在采用这种照明灯后，设施周围漏光得到了抑制。

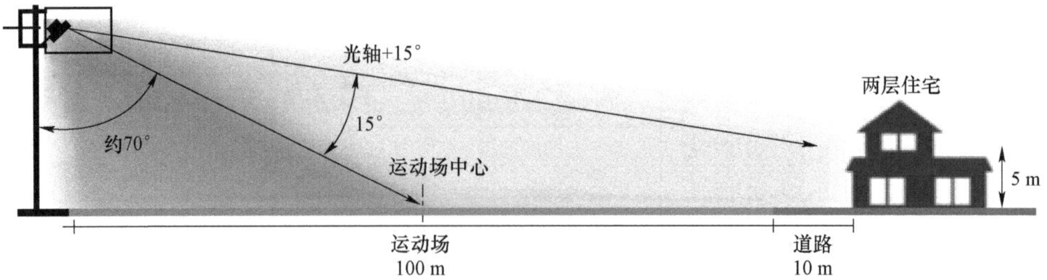

图 10-4　指定方向最大发光强度值设置示例

改造前　　　　　　　　　　　　　　改造后

(a)　　　　　　　　　　　　　　(b)

图 10-5　防止光污染而进行改造的示例

（a）光源：水银灯；（b）光源：LED。

2）最大垂直照度值

最大垂直照度值（实际测量时，是指垂直于房屋的窗户表面的最大照度值）可作为抑制光线进入邻近房屋的标准。不仅适用于现有的住房，而且也适用于新住房。参考 CIE 150：2017，给出不同光环境类型的最大垂直照度的指导值（见表 10-4）。

表 10-4　最大垂直照度值（基于 CIE 150：2017）

光环境类型	熄灯前最大垂直照度值/lx	熄灯后最大垂直照度值/lx
E1	2	0※
E2	5	1
E3	10	2
E4	25	5

※如果目标照明灯具是公共照明（道路等），则该值应为 1 lx

3）发光面最大允许平均亮度

发光面最大允许平均亮度可以作为抑制室外广告物照明等影响的标准。参考 CIE 150：2017，根据光环境类型设定指导值。需要考虑安装环境和目的来设置待测表面的范围（见表 10-5）。

表 10-5　发光面的平均亮度的最大容许值（基于 CIE 150：2017）

<table>
<tr><th rowspan="2">对象</th><th rowspan="2">利用条件</th><th colspan="4">光环境类型</th></tr>
<tr><th>E1</th><th>E2</th><th>E3</th><th>E4</th></tr>
<tr><td rowspan="2">建筑立面亮度/Lb/cd/m^2</td><td rowspan="2">由平均照度×反射率/π 计算</td><td>熄灯前：<0.1</td><td rowspan="2">5</td><td rowspan="2">10</td><td rowspan="2">25</td></tr>
<tr><td>熄灯后：0</td></tr>
<tr><td rowspan="2">招牌亮度/Ls/cd/m^2</td><td rowspan="2">由平均照度×反射率/π 计算，或者自发光的平均亮度</td><td>熄灯前：50</td><td rowspan="2">400</td><td rowspan="2">800</td><td rowspan="2">1 000</td></tr>
<tr><td>熄灯后：0</td></tr>
<tr><td colspan="6">备注：光环境类型 E2 到 E4 的值适用于熄灯前和熄灯后的时区。招牌的亮度不适用于交通管制标志</td></tr>
</table>

2. 上射光通比

上射光通量对夜空的亮度和鸟类、昆虫等有影响，除特殊情况和用途外，无助于提高人们生活的便利性。从节能的角度来看，无论光环境类型如何，都希望向上的光通量尽可能接近于零。另外，在照明功能和设计方面，上射光通量的产生可能是不可避免的（见图 10-6）。在这种情况下，参考 CIE150：2017 作为指导值，对于每种光环境类型，上射光通量比的最大允许值设置如表 10-6 所列。

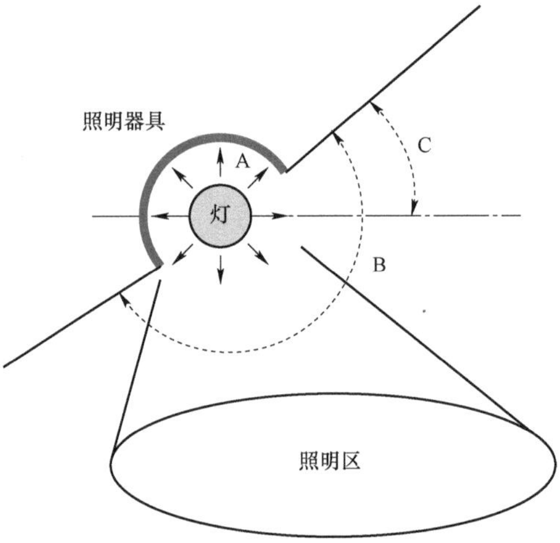

图 10-6　上射光通比（ULR）说明

灯光通量（A）：灯发出的所有光通量；器具光通量（B）：从照明器具向外发射的所有光通量；器具效率：器具光通量与灯光通量之比；上射光通量（C）：照明器具光通量中从水平向上的光通量；上射光通比（C）：上射光通量与器具光通量之比。

表 10-6　上射光通比最大容许值

光环境类型	上射光通比（ULR）/%
E1	0.0※
E2	2.5
E3	5.0
E4	15

※：在 CIE 150：12017 中为 0%，本指南以更积极地削减上方光通量，并且考虑到与 IDA 的基准值的匹配而设为 0.0%

上射光通量比的计算方法如下：

$$ULR = R_{ULO}/R_{LO}$$

ULR：上射光通比

R_{ULO}：照明器具上射光通比＝上射光通量（C）/器具光通量（A）

R_{LO}：照明器具效率＝器具光通量（B）/灯光通量（A）

扩展上射光通比

在 CIE150：2017 中，新定义了 UFR（扩展上射光通量比）。UFR 定义为从照明设备实际照射并产生的上射光（图 10-7（a）的 A、B、C 的合计）和维持理想照射照明区域的情况下从照明区域向上反射光（图 10-7（b）的 C）的比。这里，假设灯具发出的所有光都入射到照明区域并且满足维持照度，则 UFR 为 1（A＝0，B＝0，C＝C'）。UFR 值越大，对照明面积无贡献的漏光越大，过量光引起的向上光通量越大。通过使用 UFR，可以定量评价设施内使用的照明设备发出的漏光和上射光通量。在计算 UFR 时，需要知道设计区域的反射率和周围区域的反射率。一般来说，这些反射率往往是未知的，因此在安装照明设备后很难计算 UFR 并评估其适用性。因此，日本光污染控制指南将其作为参考指标。

扩展上射光通比的计算如下：

$$UFR=\frac{A+B+C}{C'}$$

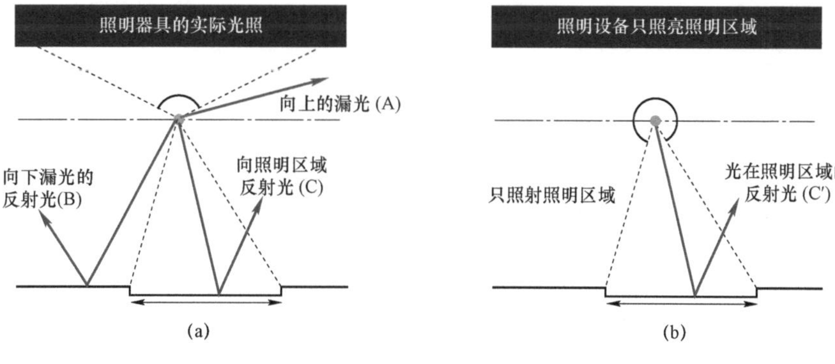

图 10-7 扩展上射光通比（UFR）的说明

3. 亮度（亮度分布）

眩光对人类的影响大致可分为两类：视觉对象的能见度降低（称为致盲眩光或视力降低眩光）和由眩光引起的不适（称为不适眩光）。致盲眩光是由于高强度光进入视野并将光散射到眼球中，从而降低了眼睛的敏感度。高强度光线进入视野或视野中出现过大的亮度对比度时，就会出现不适眩光。无论哪种情况，都可以通过防止高强度光进入视野，并使视野中的亮度分布尽可能均匀来抑制。

不愉快眩光的程度通常由导致眩光的光源（眩光源）亮度、眩光源以外的周边的亮度（行人等的眼睛适应的亮度）、眩光源的大小、眩光源的视野内可见的位置决定。在夜间的室外，由于周边亮度低，因此与眩光源的亮度对比容易产生不愉快的眩光。需要考虑到上述四个参数的照明设计。

近年来，LED 在室外照明中也被广泛使用，但 LED 照明器具的发光部一般由多个 LED 元件组合而构成，与以往的荧光灯或水银灯相比，发光部的亮度分布容易变得不均匀。还报告了在发光部的亮度分布不均匀的情况下，不均匀的情况更容易感到不愉快的眩光。需要设法使发光面的亮度分布均匀（见图 10-8）。

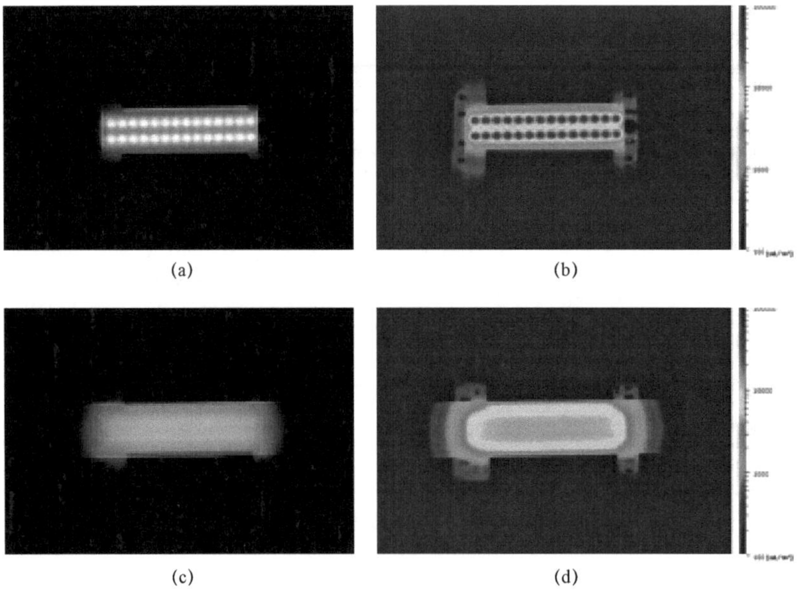

图 10-8　安装了扩散性不同的罩的 LED 照明器具

（a）照明器具照片；（b）亮度分布图像；（c）亮度分布不均匀的 LED 照明器具；（d）亮度分布接近均匀的照明器具。

如下介绍应用于户外照明设施眩光评估指标 GR（眩光等级）以及使用 LED 照明灯具的户外照明设施时，为抑制令人不快的眩光的注意事项。

GR 是应用于室外照明设施的不舒适眩光的评价指标。GR 和不愉快眩光的程度如表 10-7 所列。应根据空间用途或行为确定不愉快眩光限值（见图 10-9）。在日本标准 JIS Z9127《运动照明标准》中，针对每个运动比赛设定了体育照明设施的 GR 限值，大致为 50～55。在 JIS Z9110《照明标准通则》中，将通道、广场及公园的行人交通量等位从“中等”至“繁忙”，繁忙场所的 GR 设为 50，中等场所的 GR 设为 55。

表 10-7　向上光通比最大容许值

GR	眩光程度
90	不可接受
70	妨碍
50	可接受的极限
30	不太在意
10	不介意

GR 计算方法：

$$GR = 27 + 24\lg(L_{vl}/L_{ve}^{\ 0.9})$$

式中　$L_{vl} = 10\Sigma\ (E_{eye}/\theta^2)$；cd/m²

$L_{ve} = 0.035 \times p \times E_{hav}/\pi$；cd/m²

GR——眩光等级；

L_{vl}——由照明产生等效光幕亮度，cd/m²；

L_{ve}——环境的等效光幕亮度，cd/m²；

E_{eye}——与观察者视线垂直的面的照度，lx；

E_{hav}——地面等区域的平均照度，lx；

p——地面等区域的平均反射率；

θ——观察者视线与各个照明器具所成的角度，°。

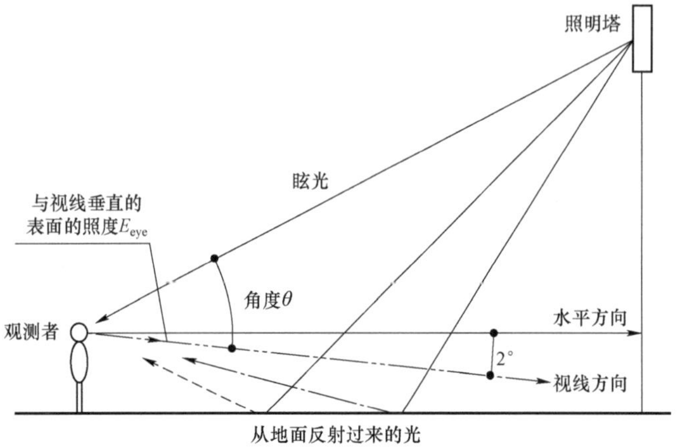

图 10-9　室外（体育）设施的眩光评估

道路照明设备的不舒适眩光程度通过眩光控制指标 G 进行评估：

$$G = 13.84 - 3.31\lg I_{80} + 1.3\,(\lg I_{80} / I_{88})^{0.5} - 0.08\lg I_{80} / I_{88} + 1.29\lg F + 0.97\lg L + 4.41\lg h - 1.46\lg p$$

式中　G——眩光控制指标；

I_{80}——道路平行截面方向铅直角 80° 的光度 $50 < I_{80} < 7\,000$（CD）；

I_{80}/I_{88}——同上铅直角 80° 光度和 88° 的光度之比 $1 < I_{80}/I_{88} < 50$；

F——同上铅直角 76° 照明器具的发光面积 $0.007 < F < 0.4\ \text{m}^2$；

L——路面平均亮度 $0.3 < L < 7\ \text{cd/m}^2$；

h——眼睛和灯具的高度差 $5 < h < 20$ m；

p——每千米照明设备数量（台）。

表 10-8　眩光评估指标 *G* 的限值

G	眩光程度
1	不可接受
3	妨碍
5	可接受的极限
7	不太在意
9	不介意

室外步行空间的眩光控制的标准包括一般社团法人照明学会标准《为了行

人的安全、安心的室外照明标准》（JIES010，2014），该标准给出了 LED 照明器具对室外步行者的不愉快眩光的抑制的指南，主要内容如下：

（1）使发光部的亮度分布尽可能均匀是重要的控制方法；

（2）在发光部存在极端高亮度的部分的情况下，不仅需要 GR，还需要分别具体地设定作为目标的不愉快眩光评价水平，抑制平均亮度（Lave10 或 Lave100。将由图像测光得到的发光部的最大亮度 L_{max} 的 1/10 以上或 1/100 以上的亮度值计算出的平均亮度设为 Lave10 或 Lave100）；

（3）对于强烈感到不舒适眩光的照明器具，控制方法之一是抑制其垂直角 60°～80° 方向的光强度。

另外，关于发光面亮度对眩光的限制，满足表 10-9 的基准。表 10-9 给出了安装高度小于 10 m 的照明器具，垂直角 85° 方向的光度限值。对于安装高度在 10 m 以上时，推荐垂直角 85° 以上的发光部分的亮度为 20 000 cd/m² 以下。图 10-10 描述了行人空间的眩光评价方法。

表 10-9　步行者空间的眩光评价基准

垂垂角 85° 以上亮度*	20 000 cd/m² 以下		
照明器具高度	小于 4.5 m	4.5 m 以上 6.0 m 以下	6.0 m 以上 10 m 以下
铅垂角 85° 方向的光强度	2 500 cd 以下	5 000 cd 以下	12 000 cd 以下

注*：也可以根据铅垂角 85° 方向的光强度来推测

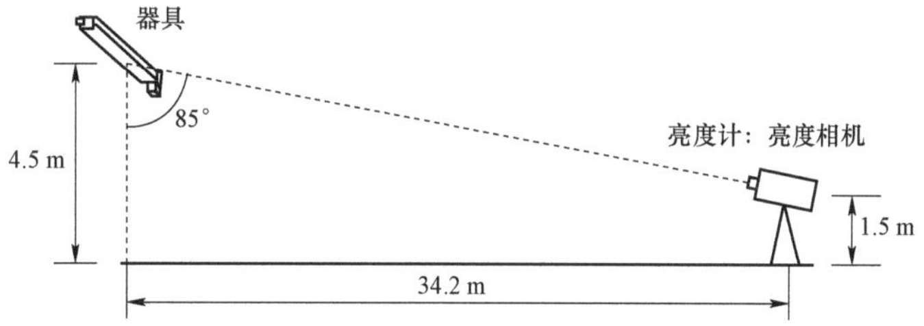

图 10-10　行人空间的眩光评价方法（辉度计：亮度计）

除了上述眩光评价外，其他类型的眩光评价见岩崎电气株式会网址（https://www.iwasaki.co.jp/lighting/support/techdata/knowledge/glare/04.html）中的相关内容。

4. 光色（相关色温）

如前所述，蓝光对人、动植物以及夜空亮度的影响都有报道。在设计户外照明时，重要的是根据照明的目的正确选择色温。光色与相关色温的关系分类见表 10-10 和图 10-11。图 10-12 以调色型 LED 灯泡的光谱分布测量结果。可以看出，随着相关色温的增加，短波长区域的光输出变大，光的颜色由淡黄色变为白色。

表 10-10　LED 与光色相关的色温度范围

光色的类型	相关色温度 TCP/K
日光色	5 700～7 100
昼白色	4 600～5 500
白色	3 800～4 500
暖白色	3 250～3 800
黄色	2 600～3 250

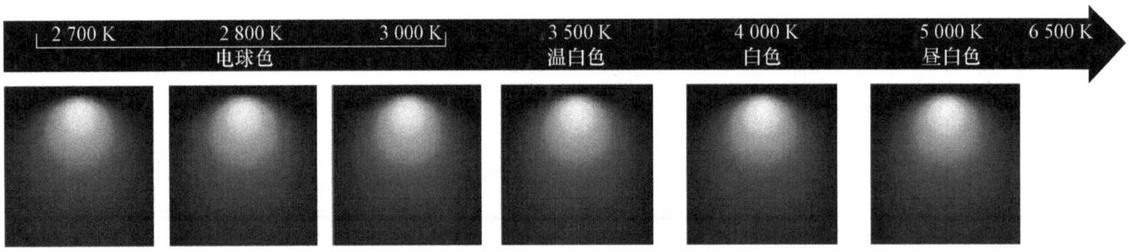

图 10-11　各光色相关色温的标准

（图片来自如下网址 https://www2.panasonic.biz/jp/lighting/plam/knowledge/point/point01.html）

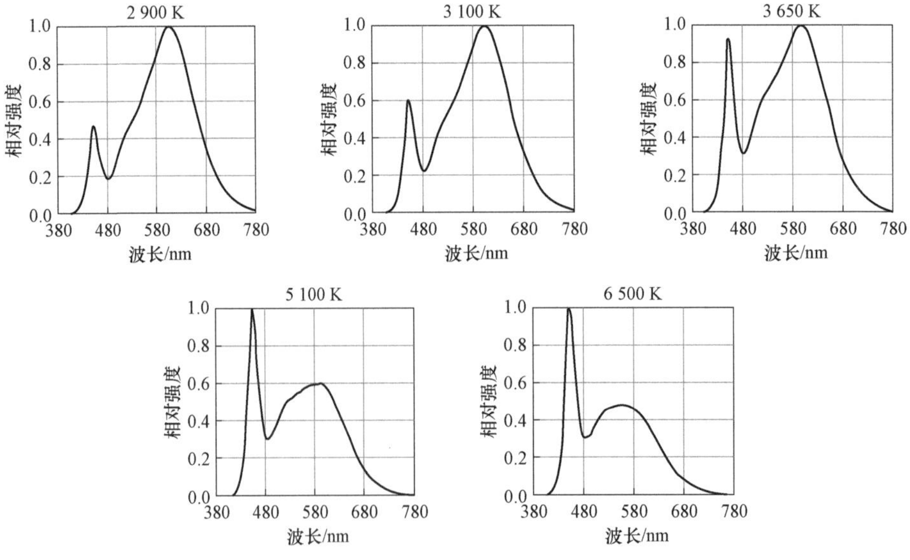

图 10-12　调色型 LED 灯泡分光分布测定结果

为了抑制蓝光对环境的影响，夜间室外照明应具有低色温，例如黄色。国际黑暗天空协会（IDA）建议为了让夜空保持黑暗，需要降低向上的光通量，保持灯具的相关色温在 3 000 K 以下。然而，由于具有高相关色温的光源通常更节能，因此使用具有高相关色温的灯具可以减少确保维持照度所需的灯具数量，并且可以减少能耗。从这个角度来说，5 000 K 左右的灯具常用于道路照明、安防灯、体育设施照明等。另外，昼白色等相对较高色温的照明可以获得更好的能见度。从节能的角度来看，高色温的照明通常是有效的。但如果色温过高，则会发出较大量的蓝光，对人、动植物和夜空的亮度产生不利影响。因此，需要根据照明目的选择合适的光色和相关色温。

10.2.5　应采取的对策

根据前面所述的环境影响对策的观点，本节提出了具体的对策方法。在进行照明设计时，不论光环境类型如何，都应遵循以下五点原则：（1）明确所有照明的目的；（2）只照射必要的范围；（3）只在必要时点亮；（4）亮度不要过高；（5）尽量使用相关色温较低的灯具（黄色等）。对于所有的照明设备，首先必须明确其设置场所的照明目的，哪怕只是减少一点不必要的照明，也能切实地减少能源消耗和光污染，积累起来对整个社会来说都是巨大的降幅。在遵循这些原则的基础上，根据地区特性选择光环境类型，选择、设计、安装合适的照明设备。照明器具安装后，为了维持必要的光环境性能，定期进行保养是很重要的。为了有效控制光污染，需要明确以下五个方面的内容。

1. 适当的配光控制

如图 10-13 所示，需要适当的配光控制以抑制包括向上光通量和眩光的漏光。配光控制包括使用遮光板或反射器将遮光罩或百叶窗安装到照明器具上，但 LED 照明一般使用透镜进行配光控制。与荧光灯和水银灯相比，LED 照明具有较高的方向性，并且可以相对容易地控制光分布。

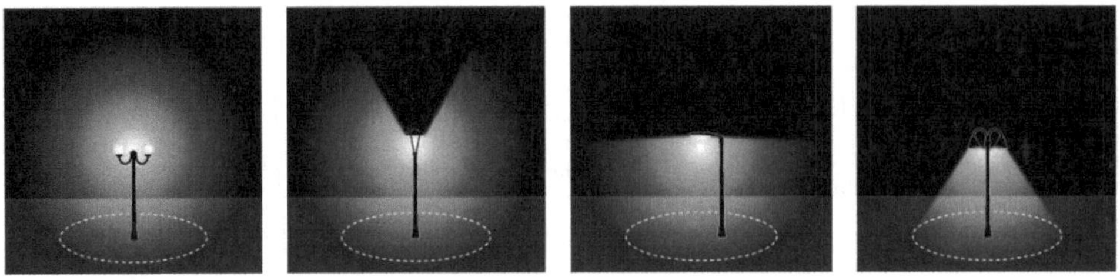

(a) (b) (c) (d)

图 10-13　光分布示例（从左到右漏光减小的示例）

类似的，如图 10-14 所示，需要安装户外广告材料照明，使光轴从水平面朝下，并抑制光泄漏到招牌表面以外的区域。此外，在体育设施照明等使用泛光灯时，安装遮光罩或百叶窗，或使用配光适合光污染对策的照明器具，抑制向上的光通量和侵入周围住宅的光。

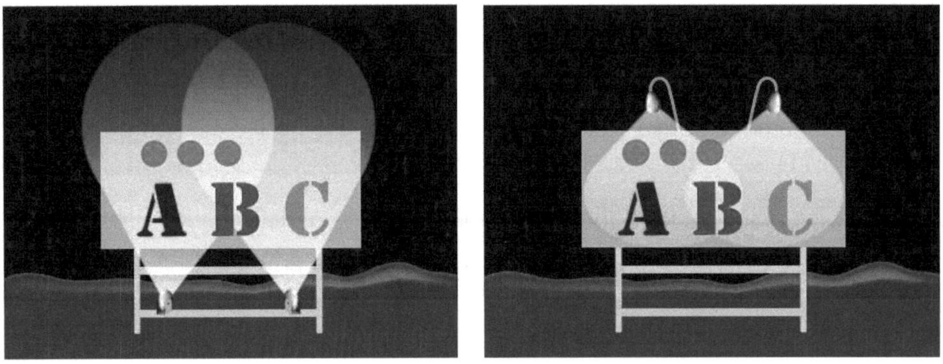

(a) (b)

图 10-14　招牌上的漏光

（a）未抑制漏光；（b）抑制漏光。

由于配光控制是针对许多光污染的有效措施，因此在安装室外照明时应积极考虑并采用。对于户外广告照明和户外安装照明，日本地方政府经常在法令中规定，因此需要确认和遵守。

2. 合适的时间管理

基本上，因为有人在的时候需要照明，所以根据不同时间段的人数和照明的需要进行点亮时间管理。现在，很多室外照明都是利用计时器和照度传感器来进行点灯管理的。但是根据地域的特性，考虑到星空的保护和对生态系统的影响，在不影响生活的范围内推进深夜熄灯也在讨论中。另外，关于室外广告物照明等，也要求在营业时间外或行人较少的时间段等可以熄灯的时间段积极熄灯。除了计时器和照度传感器之外，通过使用人感传感器和调光调色功能，能够更适当地控制照明，有助于抑制环境影响和防止全球变暖。在使用最新室外照明器具的控制技术的同时，最好研究引进最合适的技术。例如，日本冈山县井原市的《守护美丽星空的井原市光污染防止条例》和群马县高山村的《保护高山村美丽星空的光环境条例》规定，鼓励从晚上 10 点到日出之间，关掉室外照明。

关于智能户外照明的例子：藤泽可持续智慧小镇（神奈川县藤泽市），在道路和街道路灯中安装传感器（图 10-15），当传感器检测到人或汽车时，输出变为 100%，否则，减少到 75%。此外，还通过连接路灯和安全摄像头来更有效地利用光，这样可以同时实现安全保障和减少不必要的光污染。在日本，一方面，配备这种控制功能的户外照明尚未普及。另一方面，智能户外照明在西方国家发展较快，通过安装各种传感器收集各种信息并更精细地控制光线，增加户外照明的附加值，智能户外照明作为社会重要的基础设施被积极利用。

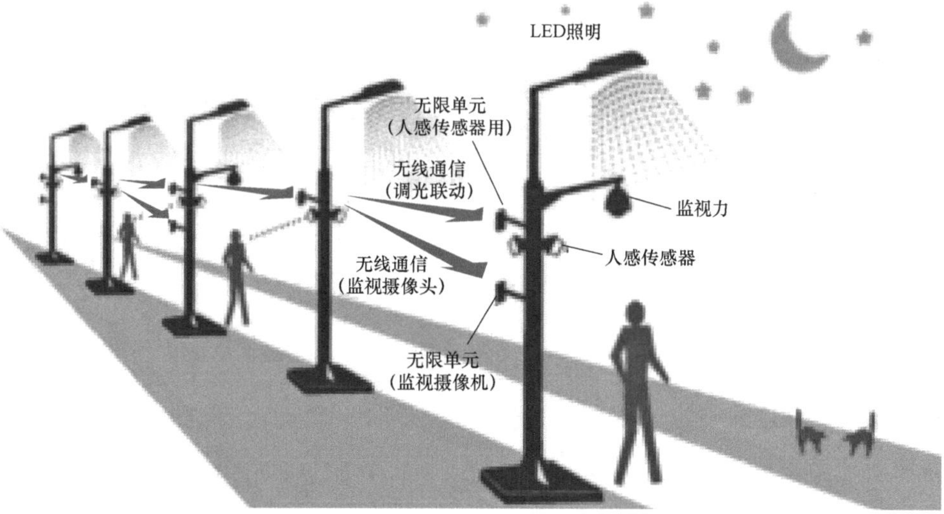

图 10-15　智慧小镇的路灯

3. 设置和选择合适的光亮度和光色

适当的光亮度和光的颜色因区域的特征、周围环境、照明目的等而异。抑制过亮且亮度分布均匀的照明灯具也能抑制眩光。因此，有必要针对每个位置考虑这些因素，并设计适当的照明，以避免亮度过高或光色不适合环境或用途。除非有特殊原因需要使用特定的光色，否则采用相关色温（黄色等）尽可能低的照明设备将有助于减少对环境的影响。

此外，适当的光亮度和光色可能会因时区而异。在照明需求较低的午夜，控制低相关色温和最低亮度可以有助于抑制环境影响、抑制眩光和防止全球变暖。LED 照明可以轻松实现这样的控制，结合上述照明时间管理，可以形成较好的照明环境。例如：冈山县茨原市美成町为了保护夜空黑暗，与照明制造商合作，安装了向上光通量比为 0.0%，且相关色温为 3 000 K 或更低的户外照明。该照明设备向上光通量比设置为 0.0%，灯具设备内部安装切断器，灯具的安装角度也发生了水平变化，这款灯具获得了 IDA（国际暗天协会）认证（见图 10-16）。

(a) (b)

图 10-16　冈山县茨原市美成町

（a）室外照明改造前；（b）改造后的景象。

目前介绍的措施一般是针对户外照明的，但对于探照灯和景观照明，需要注意以下几点：① 避免不必要的光源曝光、闪烁、移动和通过滤镜着色；② 仔细考虑照射自然界（树木、水面等）的必要性，如果照射，应调查生态系统并确认对其影响最小，如果有稀有物种，则不应进行照射；③ 考虑周围环境，应尽量减少光亮度；④ 为了使照射对象物以外的漏光最小，应当细心关注配光控制；⑤ 探照灯不应用于照亮特定对象以外的目的。特别是向着夜空使用探照灯对夜空亮度的影响很大，应该避免。临时使用等情况，也需要在对地区光环境充分考虑的基础上实施。

10.3　地域照明环境规划编制手册

为了使得夜间照明合理化，实现良好的照明环境，日本环境省在制定前文的《光污染防治指南》后又制定了《地域照明环境规划编制手册》，以推动指南的落实，并为地方制定照明规划提供参考。本手册总结了考虑地域特性等的“地域照明环境计划”制定的基本知识，为地方实现“良好的照明环境”提供帮助。市町村一级的政府（单独市町村或者邻近的多个市町村共同）为了实现地区良好的照明环境制定《地区照明规划》，并阶段性地实施各种政策。

10.3.1　地域照明环境规划的定义

环境类型包括四大类（E1、E2、E3 和 E4），分别为根据地区特性，选择长期照明环境的类型作为推进整个地区对策（多数情况下以市町村为单位）的共同目标。在照明环境类型选择中，应考虑以下地域特性：市民能清楚地看到星星，防止全球变暖等政策；地区自然环境（如野生动植物栖息状况）；基于已采取的对策，地区良好照明环境的落实状况；其他社会状况；考虑与其他措施（地区振兴、综合环境政策等）的合作。当区域内照明环境类型与周边环境不均衡的情况，可以在相应的地区中细分照明环境类型，并采取相应的措施。

10.3.2　地域照明环境规划的制定

10.3.2.1　日本给出了制定地区照明环境规划的流程如图 10-17 所示。

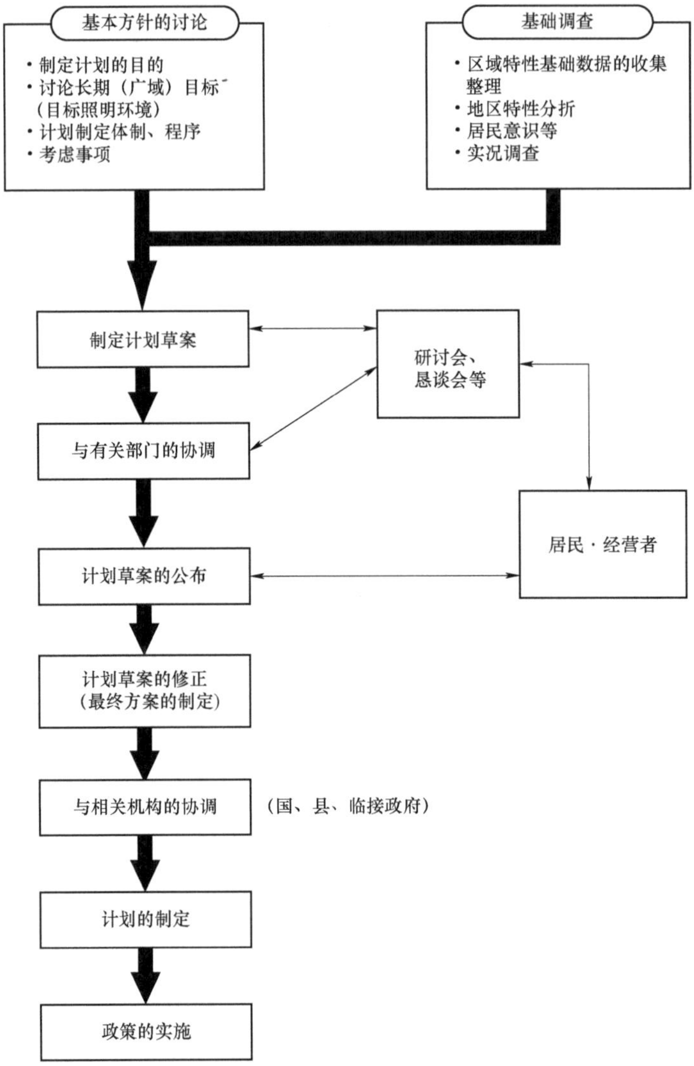

图 10-17　区域照明环境规划制定流程

10.3.2.2　区域照明环境规划的基本构成包括以下内容

1. 制定《区域照明环境规划》的主旨

1-1 制定计划的背景和必要性；

1-2 计划配置。

2. 区域特性

2-1 地理位置；

2-2 社会特性（人口、社会经济状况、产业动向、其他历史背景等）；

2-3 地区自然环境状况；

2-4 土地利用状况。

3. 室外照明情况

3-1 各地区室外照明情况；

3-2 室外照明的现有规定（有无景观区、景观条例、广告物条例等）。

4.《区域照明环境规划》

4-1 区域内室外照明状况探讨、分析；

4-2 广域目标的设定（环境照明类型的设定）；

4-3 各主体在实现区域目标方面的作用和应采取的方向（行政、经营者、居民）；

4-4 地区目标设置的探讨。

5. 制定《区域照明环境规划》

5-1 地区室内室外照明状况探讨；

5-2 地区目标详情；

5-3 各主体在实现目标方面的作用和执行项目；

5-4 各主体在实现区域目标方面的作用和应采取的方向（行政、经营者、居民）。

10.4　光污染防治制度指南

日本为了有效落实《光污染控制指南》以及《地域照明环境规划编制手册》，制定了《光污染防治制度指南》，为地方政府防止光污染、实现“良好照明环境”的制度化提供帮助。《光污染防治制度指南》介绍了为考虑防止光污染制度化所必需的内容，没有采取光污染制度化的地方政府也可参考采取具体措施。

10.4.1　制定光污染防治制度的必要性

为了防止光污染，需要考虑每个照明装置的用途，并防止因光泄漏到需要的地方以外的区域而对周围环境造成负面影响。重要的是，需要长期的努力来确保所有照明都合适。为此，地方政府有必要制定光污染防治制度，确保照明安装同时防止光污染。

一般情况下，相关机构都会为户外照明的安装制定照度、亮度等标准，但即使符合这些标准的照明，也会因设计灯或高速公路灯漏光较多而造成眩光，可能会出现光污染。为此，有必要了解现有的照明标准，对照明环境进行进一步改善，预防光污染带来的各种问题。

为了防止漏光和遮挡光造成重大损害，都道府县和市政府将光污染防治制度化，作为因地制宜的环境措施的一部分。

最后，其他国家，特别是美国和欧洲，制定光污染对策的具体规定也很多，也有必要进一步考虑将光污染防治要求制度化。

10.4.2 防治光污染的制度和措施类型

指南总结了地方公共团体可选择光污染制度、措施的种类如图 10-18 所示。希望通过使用本指南，结合各地区的特点，制定防止光污染的制度和措施。

10.4.3 防治光污染的制度和措施的具体内容

根据各条例、政策规划等的性质、规定范围等，可以应对的“光污染”的种类会有所不同。关于各种措施的可能性和实施范围总结如下。

1. 光污染防治条例

从建立光污染防治法律体系的角度来看，最终的措施是制定《光污染防治条例》。因为《光防治污染条例》的制定，能够让“光污染防治工作”设置更详细的规定。国内光污染防治条例有冈山县美成町、群马县高山村等。

2. 环境基本条例（污染防治条例、生活环境保全条例）

1）环境基本条例（污染防治条例）

该条例表明了地方政府在污染防治领域的基本立场。国家环境法律法规规定了国家最低标准，地方政府结合当地环境实际情况，根据地方性法规制定了细则，制定了超出标准的监管标准（附加标准）和设施监管标准。不受法律法规（额外标准）的约束。

特别是自 1993 年 11 月颁布《环境基本法》以来，采取了综合考虑当地自然特征、环境条件、社会经济发展趋势等的措施（见图 10-18），也满足了当地居民的需要。为了采取措施保护环境的需要，地方政府开始着手颁布基本的环境法规。

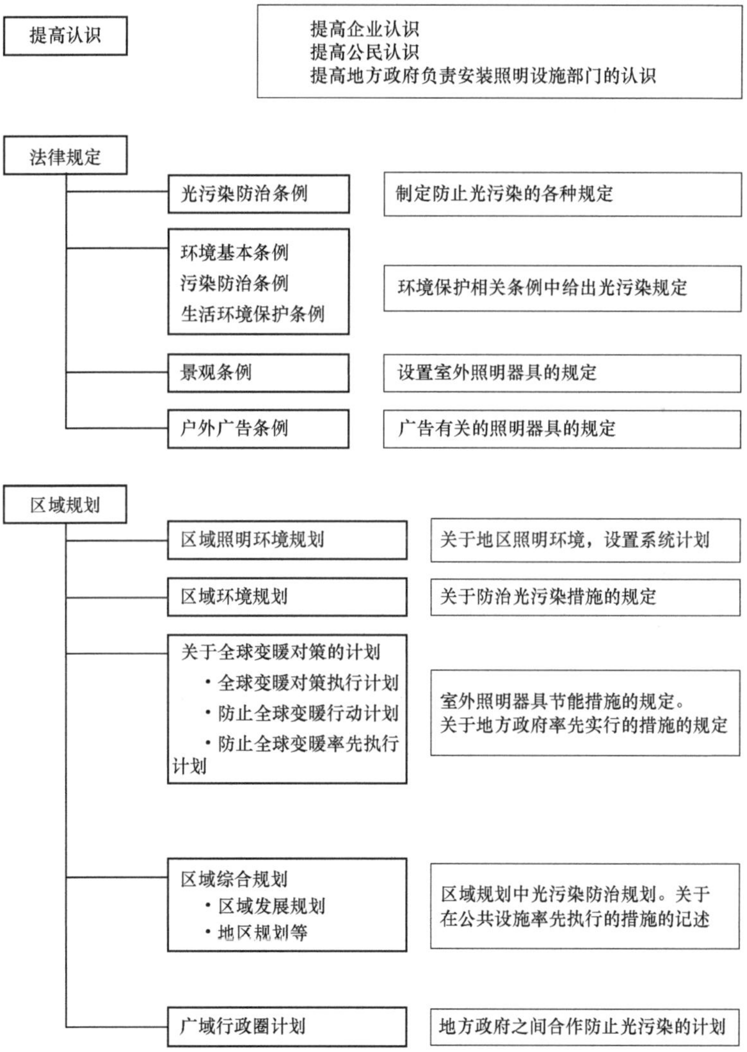

图 10-18　防止光害的制度、措施的种类

2）生活环境保育条例

该条例为了实现《环境基本条例》的目的，一些地方政府实施了有关工厂和营业所的设立、商业活动和日常生活中的环境保护措施以及其他预防环境保护问题的措施，制定了环境保护条例，规定必要事项。

这些条例通常是代替传统的污染防治条例而制定的，除了与防止商业场所污染相关的监管措施外，在许多情况下还对汽车交通污染、废物和全球变暖等城市生活方式污染进行监管。对环境保护等一系列环境事项，规定了经营者的责任等。

3）环境基本条例具体介绍

自 1972 年《基本条例》颁布以来，已经过去了 20 多年，在此期间，环境问题变得更加复杂多样。明确了新理念的定位、各主体责任的强化、经济措施、公民参与等新措施的定位、全球环境保护相关措施的定位等问题。着眼于新的 21 世纪，通过制定新的法令来阐明新的环境政策的基本原则已经成为必要。

此外，1995 年 3 月，环境委员会报告《未来环境政策》，指出需要制定新的环境基本条例。基于这些背景，1995 年 3 月颁布了新的环境基本条例。该条例由序言、2 章和 30 条组成。

4）环境基本条例对照明的规定

神奈川县环境基本条例的结构《基本环境条例》和《生活环境保全条例》（防治污染条例）在规定光污染防治时，其概念和规定方法与《光污染防治条例》基本相同。环境基本条例、污染防治条例、生活环境保护条例：作为条款规定的污染防治等项目之一，可以设定有关“光污染”的规定。

3. 景观条例

一些都道府县、政令指定城市、核心城市、直辖市制定了景观条例。景观条例的目的是通过规定景观形成的基本措施，促进居民的城镇发展，实现考虑到区域特征的独特而有吸引力的城市景观。

景观条例有关于广告材料的标准，有关于霓虹灯等的规定。作为阻碍景观的主要原因，规定了障碍光和漏光。

4. 户外广告条例

都道府县、政令指定市、核心城市根据《户外广告法》制定户外广告条例。许多都道府县和指定市的地方政府都制定了条例。

各地方政府的户外广告法规监管框架几乎相同，可概括如下。

（1）禁止对象及区域的设定：公共设施被指定为禁止对象；住宅区、风景区等将被指定为禁止区域，但是，“私人广告”和面向公众的广告在标准范围内除外，这里建立了有关辅助灯的标准。

（2）设定许可范围和标准。

（3）《户外广告条例》中有关照明设备的规定。

《户外广告条例》还应包括有关夜间何时进行照明（当灯具发光时）的规定：该法令将加强有关广告材料照明（发光）的规定；加强法规中与照明（发光）相关的内容（向上光通量比、眩光、检查是否存在遮挡光、光色、节能、设计等）。

5. 区域照明环境规划

《光污染对策指南》规定，地方政府（单个市政府或与邻近的多个市政府联合）必须实施“区域照明规划”，以实现良好的照明。宜制定规划并分阶段实施各项措施。

应区分照明环境采取不同的管理制度和措施。照明环境有四种类型：

（1）照明环境Ⅰ：“安全”照明环境。目前，户外照明和户外广告的安装密度与其他照明环境区域相比较低，不适当的照明安装区域主要被认为对自然环境有较大潜在影响的情况，干扰光尽可能减少。尽可能基于严格的照明规划和考虑。如自然公园、佐藤地区、农村地区。

（2）照明环境Ⅱ：“放心”照明环境。在农村地区和郊区居民区，道路灯是室外照明的主要类型，正在安装尽可能减少漏光和阻碍光的照明设备。另外，户外广告材料安装时，进行严格的考虑和管理。

（3）照明环境Ⅲ：“平和”照明环境。在城市住宅区等户外照明较多，主要是道路灯，以及设置一些户外广告的区域，需要安装漏光少，遮挡光少，适宜户外的照明设备。将会设置广告等；地方城市如大城市周边的市町村。

（4）照明环境Ⅳ：“愉悦”照明环境。在城市中心、闹市区等户外照明、户外广告密度较高、照明布置不一致的地区，建议采用漏光、遮挡光较少的照明设备。如市中心（市中心区、商店街）。

6. 区域环境规划

关于“防止光污染”，可以规划对动植物等的直接影响和节能。另外，关于广告物、景观、道路维修相关的部分，也可以从防止对周边环境的影响的观点设定规划。

7. 与全球变暖对策相关的规划（全球变暖对策执行计划、全球变暖防止行动计划等）

各都道府县、市町村必须以《全球变暖对策推进法》为基础，根据该法的基本方针，制定本部门及事业的温室气体对策实施计划。此外，还要求公布实施方案以及依据该方案采取的措施的实施情况。对策实施计划一是“优化室外照明”。提倡安装室外照明以节约能源。通过选定节能设备，也可以防止漏光等，也可以规定防止光污染的方法。

8. 区域综合规划

以体现国土规划基本理念的《21 世纪国土总体规划》为基础，各都道府县、市、区、町、村制定区域综合规划。综合性区域规划涉及与生活相关的广泛领域。

区域综合规划中通过“创建环保照明环境”“实现绿色照明小镇”等措施实现“光污染防治”照明环境的目标。如将有关照明环境的计划纳入实施计划中地区公共照明设备向上光通量比例设定为0%；开发公共设施时，主动设置考虑光污染防治的照明设备；建设绿色照明示范区等。

9. 环境影响评价中光污染评价

道路、水坝、铁路、机场、发电厂等建设需要遵守环境影响评价法律和当地政府的环境影响。在根据环境评价条例等规定需要进行环境评价的项目中，将光污染作为考虑对象可以有效地推进光污染防治措施。

上述各项条例、计划可以规定的光污染的种类如表 10-11 所示。

表 10-11　各项条例、计划可以规定的光污染的种类

	对动植物的影响	对居住者、驾驶者的影响	对天文观测的影响	对景观舒适度的影响	对能源消耗的影响
光污染防治条例	有	有	有	有	有
环境基本条例 （污染防治条例、生活环境保护条例）	有	有	有	有	有
户外广告条例	Δ	有	Δ	有	Δ
景观条例			Δ	有	
区域照明环境规划	有	有	有	有	有
区域环境规划	有	Δ	Δ		有
防止全球变暖的执行计划					有
区域综合规划	Δ	Δ	Δ	有	
广域行政圈计划	有	有	有		

注：Δ表述可能有

10.4.4　光污染防治条例基本框架

1. 制定光污染防治条例的目的

该条例需明确制定光污染防治条例的目的，包括：① 防止对野生动植物的影响；② 改善居住环境；③ 抑制城市中心和闹市区的过度户外照明；④ 节约能源；⑤ 促进天文观测等。

2. 光污染防治条例的范围

该条例需明确监管的对象范围：① 企业经营者（所有企业、一定规模以上企业、特定行业等）；② 公民等。

3. 光污染防治条例实现的目标

光污染防治条例实现的目标包括地方政府整体目标和整个地区目标，应与其他法规衔接。

光污染防治条例等被认为反映了各地区的特点和情况，但光污染防治条例的方向将根据各地区的特点来确定，大致分为城市地区、郊区和山区。

（1）城市地区和旅游目的地的法令政策：从改善城市景观和居住环境角度出发的法令；旨在平衡景观和照明环境改善的法令；制定特定区域照明设置规则的法令。

（2）市区和郊区的条例政策。

从改善居住环境的角度出发的法令；对特定区域的照明设置规定的法令。

（3）农村、山区的法令政策（有天文设施的地方政府等）。

从防止对自然环境造成影响的角度出发的法令；从改善生活环境的角度出发的法令；对天文设施周围等特定区域的照明设置规定的法令。

4. 光污染防治条例出台程序

制定光污染条例的程序与任何其他条例的程序基本相同。不过，在制定光污染防治条例之前，有必要按照以下步骤明确制定该条例的必要性和方向。

（1）了解目前正在发生光污染以及可能发生光污染的情况。通过对光污染现状的调查和对居民的调查，考察光污染的可能性：过往光污染投诉调查；居民光污染问题问卷调查；制作光污染潜力图；通过检查自然环境分布和室外照明设施分布，创建一张地图，总结发生各种类型光污染的可能性；调查可能发生光污染的地点的实际情况（现场调查等）特别是要通过现场勘察和实测，了解可能发生光污染的地点（以及实际发生光污染的地点）的实际情况。

（2）检查现行法律和计划实施情况。特别是要通过现场勘察和实测，了解可能发生光污染的地点（以及实际发生光污染的地点）的实际情况。

5. 光污染防治条例的构成

1）一般规定

目的、术语的定义、地方政府的责任、公民的责任、企业的责任、请求相关行政机关的合作、光污染防治委员会。

2）区域照明环境规划的制定

光污染防治目标、区域照明环境目标、地区目标的制定、光污染防治模范地区。

3）照明设备的规定

照明设备等的限制及配光标准、豁免、有关国家等的特殊规定、天文观测等方面的合作、鼓励限制照明时间、禁止物品。

4）鼓励安装合适的照明设备

支持光污染防治措施的费用、光污染监测、奖励、调查、建议和指导、改进指令、不遵守指令的措施和处罚、特殊情况的应对（景观照明）等。

10.4.5　建立地方光污染防治促进体系

上一节总结了地方政府应对光污染的各种制度措施。根据当地政府的特点和区位条件，从这些措施中选择最佳方案。为了实现良好的照明环境，地方政府除了需要公众参与，企业、公民团体、专家等也可以参与其中，构建互联网光污染防治推进体系。另外，从建立防止光污染的制度和制定措施（制定计划和条例）阶段开始，就应该公开征求意见，纳入公民、经营者、专家等作为评审成员，充分吸纳各方意见。

1. 提高地方政府光污染意识

为了推进法令等法律制度的完善，提高地方政府对光污染的认识至关重要。目前，即使在地方政府内部，除环保部门外，对“光污染”的认识也较低。有必要向相关部门宣传光污染知识，使光污染意识不只限于环保部门。

为了促进地方政府内部对光污染的认识，了解地方政府管理的户外照明的实际状况是有效的。首先，要了解地方政府内安装的公共设施照明设备的安装状况，调查安装的照明设备的效率和向上光通量比的状况。

2. 针对性推进实施模式

有必要通过公众意识和认知，提高地方政府内部对光污染的认识，并考虑如何制定具体措施。根据各地规模和特点提出的推进措施模式。

基本上，任何地方政府制定光污染防治条例和区域照明环境规划被认为是最有效的，有必要考虑有关光污染的法规。

此外，从防止户外照明漏光对周围环境造成负面影响、防止全球变暖等角度出发，地方政府应主动落实防止光污染的措施，并提高公民和企业的意识。

10.5 日本地方的良好实践

为了给采取更加积极的污染防治措施的地方政府提供参考，以下介绍日本星空保护区的认定、光污染防治相关条例、通过良好的夜间景观的形成努力提高地区魅力的良好案例等。

10.5.1 星空保护区的认定

国际暗天协会（IDA）2001 年开始的“黑暗天空计划”（又称：星空保护区认定制度）是为了保护没有光污染影响的、黑暗美丽的夜空而采取的良好措施的制度。认定时，不仅要考虑夜空的黑暗（星空的美丽），还需要遵守严格的室外照明标准，以及给出有关地区光污染的宣传教育活动等。而且，这些必须得到地方政府、旅游业、产业、地区居民等多方的理解和努力。另外，通过认定后公布，旨在对夜空保护的重要性、光污染问题的现状和对策进行广泛的宣传和教育。在星空保护区的认定中，设置了室外照明向上光束比 0.0%、相关色温 3 000 K 以下等标准。认定后，除了持续的宣传教育活动以外，还需要监测夜空的暗度，确认亮度是否增加等持续开展的措施。

西表石垣国立公园。2018 年 3 月，跨越冲绳县石垣市和竹富町的西表石垣国立公园被认定为国内首个“星空保护区”，成为亚洲第二、世界第 59 个“黑暗天空公园”。位于日本最西南端八重山诸岛的西表石垣国立公园，拥有约 406.53 km 的陆地面积。在被珊瑚礁包围的岛屿上，栖息着许多稀有的动植物，其中也包含着需要保持自然状态黑暗的叶山红虫（八重山的特有品种）。专家对夜空暗度的测定结果也充分满足了星空保护区的标准。为了保护这一非常优秀的星空环境和稀有的自然环境，并将其作为观光资源加以利用，石垣市和竹富町合作，于 2017 年 7 月申请了星空保护区，最终得到了认定。但是，2018 年 3 月认定过程中被认为还有很多需要修改的室外照明，因此被认定为“暂定认定”。石垣市・竹富町制定了“室外照明管理计划”，计划在 2023 年之前将公园内所有室外照明改为光污染防治型照明。

神津岛村。2020 年 12 月，东京都·神津岛村的全域（18.58 km^2）被 IDA 认定为日本国内第二个“星空保护区”。这是日本第一个地方政府全域都成为星空保护区的事例。神津岛村在申请“星空保护区”时，为了保护美丽的星空，制定了规定室外照明的亮度和点亮时间等要求的条例，同时将岛内的室外照明改为光污染防治型照明（上方光束比 0.0%，相关色温在 3 000 K 以下）等，形成了容易看到的星空的光环境。另外，所设置的照明器具也接受 IDA 认证。从照明整修前后的比较照片（图 10-19）可以看出，整修后上方光束和漏光（在海面上的反射）被大幅度削减。

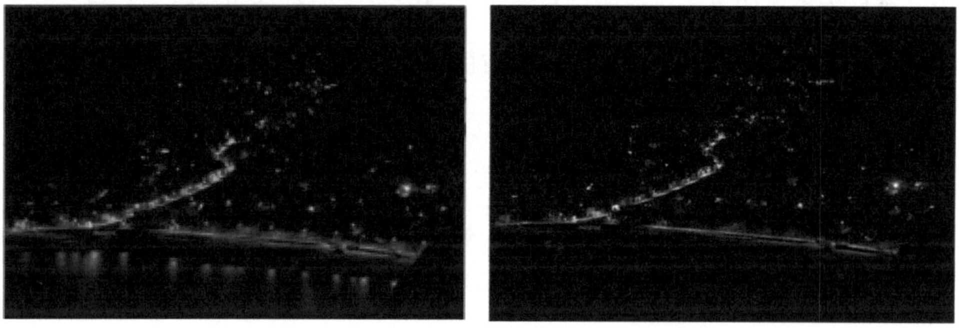

(a)　　(b)

图 10-19　神津岛村村落的街道照明情况

（a）室外照明整修前；（b）整修后。

10.5.2　地方光污染防治条例摘编

在地方政府中，规定了以下不同类型的光污染防治的条例：① 以地方政府辖区范围为对象，规定了光污染防治条例；② 在地方政府中，特别是规定了保护黑暗地区适用标准的条例；③ 在有关环境保护条例等中，包含关于光污染防治的条款，如下给出上述三种情况的例子。

1. 守护美丽星空的井原市光污染防治条例（2020 年修订）摘录

条例的前言中提到：井原市美星町有流星的传说和与它名字相称的美丽星空。天球上的星座描绘出雄伟的象形文字，银河流经其中。而且，黄道光从地平线上像与银河竞争一样延伸，频繁地可以看到流星。另外，可以说是夜空中宝石的星云和星团，花了几千年、几万年以上将其身影送到了地面。这些能窥见宇宙奥秘的环境，不仅对井原市民，而且对全人类都是无可替代的财富。但是，宇宙现在被光污染挡住了，正在远离视野。人工光造成的光污染影响半径超过 100 km，不仅剥夺了人们接触星空之美和秘密的机会，而且过度的照明还伴随着资源、能源的浪费，影响了地球周围的环境。另外，也有人指出，过度的照明不仅违背了保护夜晚安全的照明初衷，还会对动植物的生态系统产生不良影响。正如附近设置了主要的天文台一样，井原市美星町的周边是最适合天体观测的环境，至今为止一直致力于“打造星星之乡”，也建设了天文台。并认为，今后为更多的人亲近遥远的星空提供探索宇宙的机会和交流的平台，是井原市及井原市民的使命。因此，井原市民以井原市美星町之名所象征的美丽星空为荣，在此声明有权保护并承担义务，制定本条例。

条例第 1 条规定了条例的目的：防止光污染及确保适当地照明，在明确市民及经营者各自的责任和义务的同时，规定必要的事项，确保市民生活所需的夜间照明，保护美丽的星空免受光污染。第 4 条给出了防止光污染的目标：在井原市美星町的区域内，以夜空的亮度不比上一年度明亮为目标。第 11 条给出了照明器具等限制以及配光标准：① 室外照明原则上应满足规则规定的光源、配光标准以及各用地规定的总光通量标准；② 原则上禁止在室外使用投光机（探照灯、聚光灯、激光等），除非是持续使用的情况，或者被判断为明显朝向水平以下的情况。③ 运动场的投光机不适用前两项的规定。但是，运动场使用后必须立即熄灭；④ 照明建筑物、广告牌等，禁止从下向上投光；⑤ 室外照明必须根据其用途，充分考虑使用适当的、必要的最小限度的光。⑥ 在工作场所等室内照明中，使用大量光线的情况下，必须使用窗帘、百叶窗、防雨窗等遮挡物，尽量避免光线泄露到室外。第 16 条鼓励限制照明时间：提倡从晚上十点到第二天早上日出期间关闭室外照明。

《守护美丽星空的井原市光污染防治条例施行规则》（2020 年修正）第 4 条规定：光源是相关色温 3 000 K 以下的光源，具有良好能源效率的 LED 照明灯或低压钠灯。

2. 鸟取县星空保全条例（2017 年 11 月）摘录

条例的第 1 条给出了目的：本条例是旨在鸟取县内能够看到美丽星空的良好环境，能够在县内随处观察银河。明确规定政府、公众和企业的责任和作用，在保证公众生活和商业活动所需照明的同时，实施必要的法规，利用星空环境进行旅游、促进地方经济和环境教育。通过推广利用加深公众和企业的理解，将星空环境作为公众的宝贵财产加以保护。第 9 条给出了星空保护地区的指定：地方政府知事根据自然和社会条件，特别需要保护星空环境的，可以将星空环境优良的地区指定为星空保护区。第 11 条给出星空保护照明基准：只是在指定星空保护地区时，为了保护该星空保护地区的星空环境，必须规定与所需星空环境匹配的照明器具的设计以及使用的基准（以下称为“星空保护照明基准”）。星空保护照明基准中规定了包括照明器具的安装位置、照射方向及亮度等内容。

《鸟取县星空保全条例施行规则》给出了星空保护照明基准如表 10-12 所列。

表 10-12　鸟取县星空保护照明基准

照明器具的种类	项目	基准
室外照明器具	安装位置	安装在达到照明目的所需的最小限度的地方使用
	照射方向	环境省制定的光污染对策指南，例如使用具有适当向上光通量比的设备以及为光源安装灯罩和其他防护罩等技术指南（以下简称“指南”）应予以考虑，方向应不干扰该地区的星空环境
照射建筑物等照明器具	安装位置	设置在所需最小限度的地方使用
	照射方向	（1）设置并使用时应满足下列条件：a 向下照射；b 只照射建筑物等。 （2）在照明器具的上部用伞，其边缘低于光源的下端。设置其他遮挡物，防止光线从上方漏出
	亮度	被照射的建筑物等表面的亮度，参照指南，在不阻碍该地区星空环境的数值以下
广告照明器具	照射方向	（1）从外部照射广告物时，应设置并使用，以满足以下条件：A 向下照射；B 只照射广告物；C 在照明器具的上部设置伞及其他遮挡物，使其边缘位于比光源下端低的位置，防止光线向上方泄漏。 （2）在广告物主体发光或其内部发光的情况下，应在广告物的上部设置伞及其他遮挡物，使其边缘位于比广告物中心低的位置，防止光线向上方泄漏
	亮度	广告物表面的亮度，参照指南，在不妨碍该地区星空环境的数值以下

注：（1）“室外照明器具”是指在道路、停车场、庭院等其他室外场所，为确保必要亮度而安装和使用的照明器具（供灯饰使用的除外）。
（2）“建筑物等”是指建筑物、建造物或其他设施，“用于照射建筑物等的照明器具”是指以照射建筑物等的外观为目的而安装和使用的照明器具。
（3）“广告物照明器具”是指以照射广告物的外观为目的而安装和使用的照明器具，或广告物本身，或其内部发光的广告物。
（4）涉及个人住宅的照明器具不适用此标准

3. 冈山县《关于确保舒适环境的条例》(2001 年) 摘录

条例第 20 条规定室外照明：① 用于室外照明的设备（在本条和下条中称为“室外照明设备”)。安装者在安装或更新室外照明设备时，除应遵守有关光污染的法律规定外，原则上应避免光泄露到光源上方而产生光污染。② 室外照明设备的安装者，在保证防盗及其他生活上的安全性的同时，必须将该室外照明设备的照明控制在必要的最低限度，防止光污染。第 22 条规定禁止使用投光器，任何人不得在室外使用探照灯、激光等投光器，用于特定目的的照射除外。

10.5.3 夜间景观计划事例

如下介绍在都市形成良好夜间景观的措施的事例。

（1）石川县金泽市金泽特有的夜间景观制定计划（2014 年 3 月)：为了形成金泽特有的夜间景观，在景观特性不同的 5 条路线上实施了照明实验。将其结果归纳为，着眼于激发地域魅力的设计思想，照明器具的技术进化等措施，希望在条件类似的路线中也能得到应用。表 10-13 给出了该计划标准要求。

表 10-13 石川县金泽市金泽特有的夜间景观制定计划中历史风貌保护区内公共照明指标

历史景观保护区域内的公共照明	
色温/K	2 700～3 500 许可：4 300
照明器具的高度/m	发光面的亮度/cd/m²
＜4.5	＜6 000
4.56	＜8 000
6＞	＜10 000

在金泽市，2005 年制定了《金泽市夜间景观形成相关条例》，为了根据地域特点形成良好的夜间景观，规定了照明环境形成区域、夜间景观形成区域、每个地域的照明环境标准、每个区域的夜间景观标准。

（2）东京都夜间好景观形成建筑规划指南（2019 年 9 月)：该指南是在东京都景观计划中规定的夜间景观形成的说明，规定了景观方针和景观基准，旨在加深设计者对该方针、基准的理解，通过适当地反映在建筑物的建设计划和设计中，促进夜间舒适的光环境的形成和地域魅力的提高。在指南中，作为夜间照明计划的基本事项，提出了“提高光的质量的 7 个原则”：（1）抑制刺眼、不愉快的光线（眩光）；（2）适当的色温，给出了不同地区的色温标准；（3）确保色彩性；（4）舒适阴影；（5）铅面亮度；（6）光操作；（7）环保照明。为了节约能源，除了使用 LED 等高效环保的光源外，还要考虑到周边环境，防止漏光等造成的光污染，提倡营造良好的照明环境和节约能源，专门给出了 LED 的特征及使用上的注意事项，如表 10-14 所列。

表 10-14　LED 的特征及使用上的注意事项

特征	使用上的注意点
○寿命长：是白炽灯和荧光灯的数倍以上，寿命极长是其特征。 ○发光效率高：被供给的电力多用于发光，所以提供与以往的白热照明相同的亮度所需的电力消耗少。另外，因发热而消耗的电力少，有低热的特征。 ○调光和闪烁自如：响应性很好，可以快速应对调光和闪烁。 ○可用于演出照明：通过红、蓝、绿等原色光源，可以自由地进行彩色演出	○容易变得刺眼：因为用较少的能量可以发出更明亮的光，所以要注意减少不必要的亮度。 ○倾向于白光：色温越高，发光效率越高，所以整条街容易变成白色，有时会给人单调的印象。在住宅区等地调整成温暖的色调等，根据周边环境设置清爽的色温。 ○容易使用花哨的颜色：正因为色彩容易被操控，使用颜色的照明就会变多，街道就会给人杂乱的印象。使用颜色时，要注意与周围的协调

第十一章 韩国光污染控制

在韩国，光污染的问题已经引起了社会各界的广泛关注。为了有效控制和减少光污染的影响，韩国政府积极采取措施，不断推进防治工作的进行。韩国于 2019 年修订实施了《人工照明光污染防治法》，而后制定了一系列相关的法规政策，旨在规范光源的使用和管理，降低光污染对环境和公众健康的潜在威胁。除了法律法规政策的制定，韩国政府还实施了一套试验标准，这些标准涵盖了照明设备的亮度、色温等关键参数，以确保照明系统在满足基本照明需求的同时，不会对周围环境造成过度的光污染。此外，政府还鼓励企业和研究机构开展相关技术研究，开展光污染防治工作计划以寻找更有效的光污染防治解决方案。通过这些措施的实施，韩国在光污染防治方面取得了一定的进展，提高了公众对光污染问题的认识。

11.1 韩国光污染防治法律法规

2012 年，韩国开始制定《人工照明光污染防治法》（本章以下简称《光污染防治法》），译文详见附件 6，并于 2013 年发布实施。自实施后，根据法律要求，韩国开始制定光污染防治计划（每次计划周期五年），并在每次计划中不断完善健全光污染防治法律体系。分别于 2016 年、2018 年修订了《人工照明光污染防治法》。2019 年 11 月 26 日，韩国修订实施法律《人工照明光污染防治法》（第

16610 号法律），目的是防止人工照明过度发光对公众健康或环境造成的危害，并以环保的方式管理人工照明，使所有公民都能生活在健康和愉快的环境中。

韩国《光污染防治法》共五章内容，包括总则、光污染防治计划的制定、照明环境管理区的指定、附则和处罚等内容。在光污染防治计划的制定章节中规定：环境大臣应与有关中央行政机关负责人协商，每五年制定并实施一次光污染防治计划。光污染防治计划应当包括下列各项：一是预防光污染的分步措施；二是促进光污染防治相关技术发展的措施；三是光污染影响评估相关事项；四是关于光污染的教育与公共关系措施；五是推进光污染防治项目成本计算及融资方案；六是其他防止光污染的必要事项。环境省下设光污染防治委员会（在本章中以下简称“委员会”），审议与制定和实施光污染防治计划有关的事项。城市设立光污染防治区域委员会，审议有关制定和实施都市光污染防治计划以及制定和取消照明环境管理区的事项。

关于照明环境分区管理，韩国《光污染防治法》规定城市市长或州长可以指定发生或可能发生光污染的区域为照明环境管理区域，分类如下：第 1 类照明环境管理区（保护自然绿地）：过度人工照明对自然环境产生或可能产生负面影响的区域；第 2 类照明环境管理区（保护生产绿地）：过度人工照明对农林渔业运行和动植物生长产生或可能产生负面影响的区域；第 3 类照明环境管理区（保护住宅区人居环境）：为公众的安全和便利而需要人工照明，过度人工照明对人们的居住生活产生或可能产生负面影响的区域；第 4 类照明环境管理区（保护半工业和商业区人居环境）：商业活动需要一定程度的人工照明，过度人工照明对人们的舒适健康生活产生或可能产生负面影响的区域。进行照明环境分区指定时，应考虑土地使用状况、光污染环境影响评估结果，并充分征求公众意见。城市市长或州长应制定并实施照明环境管理区域内的光环境生态友好型管理计划。

关于光辐射标准，韩国《光污染防治法》规定了从光辐射允许标准、遵循光辐射允许标准的义务（做法）到超过光辐射允许标准的改进措施的完整管控体系。其中“光辐射允许标准”规定了：国家层面上，环境部长与相关中央行政机关负责人协商，根据环境部法令，制定照明环境管理区域允许的光辐射标准，即光辐射标准。地方层面上，特别城市、大都市和特别自治省可以制定比中央规定的光辐射标准更严格的标准，以防止光污染或创造宜人环境。“遵守光辐射允许标准的义务”中规定：遵守标准方面，照明设备的所有人或管理者（以下简称“所有者等”）必须遵守第 11 条规定的光辐射标准。例外情况，为国内和国际活动、节日或旅游促销目的在有限时间内安装的照明设施，经市长令或城市总督批准的，可不遵守标准。对于现有设备，在照明环境管理区域指定或变更前已安装的照明设备，如果超过允许的光辐射标准，所有者应在指定或变更后三年内采取措施以符合标准。“光辐射超标改进令”中规定：城市的市长可以命令超标的照明设备所有者采取必要措施，在规定期限内达到光辐射标准。设备所有者执行改进令后，应立即向城市市长报告实施结果。市长在收到报告后，应检查命令的执行情况或改进的完成情况。如果所有者未执行改进令，或在规定期限内执行但仍未达标，市长可以下令暂停或限制使用相关照明设施。

韩国光污染防治法实施令及实施条例：2023 年 11 月 16 日，韩国为规范《人工照明光污染防治法》委托的事项及其实施所需的事项，韩国颁布总统令第 33858 号《人工照明光污染防治法实施令》（以下简称《实施令》），以及 11 月 17 日发布了环境部令第 1061 号《人工照明光污染防治法实施条例》（以下简称《条例》）。

《实施令》这份文件是韩国总统根据《人工照明光污染防治法》制定的实施令，主要规定了法律实施的具体细节。它包括了光污染防治委员会的组成、光环境管理计划的制定、光辐射允许标准的应用要求、调查研究业务的委托等内容。该文件还规定了与光污染相关的各种行政程序和要求，例如，特定情况下不需要遵守光辐射允许标准时的批准流程，以及如何进行光环境影响评估等。

《条例》这份文件是韩国环境部根据《人工照明光污染防治法》及其《实施令》制定得更详细的规则。它包括了市、道的光污染防治计划的制定和执行、光环境管理区域的指定、公众意见征集、光辐射允许标准的适用除外批准申请文件等内容。该文件还涉及了光环境影响评估、光污染检测机构的指定、检测方法和程序、检测机构的遵守事项等具体操作层面的规定。

《实施令》是国家层面的高级法规，侧重于法律实施的整体框架和关键行政程序；而《条例》是环境部层面的具体操作规则，侧重于实施过程中的具体细节和操作步骤。

11.2　光污染防治综合计划

11.2.1　韩国光污染防治委员会

根据《光污染防治法》第 6 条规定环境省下设光污染防治委员会（以下简称“委员会”），审议与制定和实施光污染防治计划有关的事项，并于 2024 年 1 月颁布实施《光污染防治委员会业务规则》。

其委员会的主要功能：

（1）审议和负责光污染防治计划的制定和实施。

（2）审议和负责光污染防治计划有效推进所需的法规和制度的改进。

（3）审议光污染防治业务推进的费用负担问题。

（4）审议光污染防治措施的推进效果评估。

（5）由委员长决定进一步推动光污染防治措施所需的其他事项。

11.2.2　韩国光污染防治综合计划

随着对改善生活环境的要求增加，光污染对健康与生态系统的潜在影响日益明显，凸显了预防光污染政策的重要性。为应对各种光源的增加带来的国民不便和生态损害，以及提高光污染管理政策的实效性，需要加强地区制度执行力、拓展照明应用领域并结合新技术发展光污染减量技术。基于此，韩国制定了《光污染防治综合计划（2014—2018）》《第二次光污染防治综合计划（2019—2023）》《第三次光污染防治综合计划（2024—2028》，旨在根据评价现有计划并适应条件变化，规划未来五年的光污染防治政策方向和管理手段。该计划是按照《人工照明防止光污染法》每五年制定的法定计划，提供光污染管理蓝图和政策目标，并作为市、道级光污染防治计划的政策树立原则和基本方向的指导。此外，该计划继承并发展前一次综合计划，分析其成果与局限，以改善和完善现有政策手段。

在工作进程中总共制定三次光污染防治计划，根据人工照明防止光污染法的法定综合计划作为每 5 年制定一次的法定计划，提出光污染管理蓝图和政策目标的国家基本计划，在第一次行动计划期间，韩国环境省对《光污染防治法》进行了两次修订，其中修改了关于光污染防治委员会主席的任命问题，16 年修订的法律中任命环境部长为主席，18 年修改为由环境部长提名任命。2019 年至 2023 年，韩国进行了第二次光污染防治综合计划，在该计划中，制定了光辐射标准，修订了《光污染防治法》，更加规范了光污染防治委员会和光污染防治行动计划的建立和实施。要求各市级地区同样需要根据环境部长制定的光污染预防计划制定各市的光污染预防计划，必须在光污染防治计划制定之日起一年内制定城市光污染预防计划，并且必须成立光污染预防地区委员会，以便对城市光污染预防计划进行系统审议。同时规定了光污染检查机构（由环境部长指定），以便可以专业地进行符合光辐射标准的检查。对于国家层面、地方层面的光辐射管理做出了要求，同时说明了例外情况和改进令等措施。不仅于此，韩国在《第二次光污染防治综合计划》中制定了路灯、安全灯和公园灯、广告装饰照明的管理标准。

2024 年环境部制定《第三次光污染防治综合计划（2024—2028）》，旨在通过改善与日常生活密切相关领域的光环境来提高公众对光环境的感知。目前为止，通过制定光污染感受度标准和合理化照明管理，制定了《光污染防治委员会业务规则》，营造健康舒适的光环境。几次计划的实施均得到了成效，光辐射百分比、照明设备数量等实现了持续同比下降。该计划根据《人工照明光污染防治法》，每五年更新一次，此次重点是提高国民对改善日常相关领域光环境的满意度。三大推进战略包括：营造健康光环境，建立高效管理体系，促进民间合作政策。具体措施包含研究国民感受型标准，灵活应用亮度标准，扩大光污染审查制度，提供优惠政策支持技术开发，建设示范实验室，以及培养专业人才。计划旨在减少光污染对农作物等的影响，推动与环境的和谐照明使用。

同时在第三次计划中通过研究光照度和亮度对视觉不便的影响，以及实施全国光污染实态调查来制定基于定量指标的光污染政策。同时，需要建立光污染长期监测系统，评估其对人体健康的影响，并推进相关健康项目。此外，扩大对光污染减少的支持，特别是对薄弱地区的光环境进行诊断咨询和基础设施改善，以及对公害敏感阶层给予特别关注和支持。

11.3　韩国光污染防治标准体系

11.3.1　光辐射标准

韩国在《第二次光污染防治综合计划》期间，2020 年 5 月 26 日修订并发布了光辐射标准，其针对不同照明环境管理区的不同照明类型，都做出了不同的标准限值，详见表 11-1 至表 11-4。在有了光辐射标准后，因其具备各类功能区和不同照明类型的基本标准，促进了不同照明类型的标准的制定，如《防止光污染的路灯安装管理标准》《防止光污染的广告照明安装和管理标准》等。

表 11-1　该法令第二条第一项规定的照明设备（各类人工照明设备）

照度	参数						
	限制时间	参考值	照明环境管理区域				单位
			1 类	2 类	3 类	4 类	
居住垂直面照度	日落后 60 min～日出前 60 min	最大值	10 以下			25 以下	lx（lm/m²）

表 11-2　法令第二条第二项规定之照明设备
（除去带有闪烁或视频变化的发光广告、装饰照明）

亮度	参数						
	限制时间	参考值	照明环境管理区域				单位
			1 类	2 类	3 类	4 类	
居住垂直面照度	日落后 60 min～日出前 60 min	最大值	10 以下			25 以下	lx（lm/m²）

续表

亮度	参数						
	限制时间	参考值	照明环境管理区域				单位
			1类	2类	3类	4类	
发光面亮度	日落后 60 min～24:00	平均值	400 以下	800 以下	1 000 以下	1 500 以下	cd/m²
	24:00～日出前 60 min		50 以下	400 以下	800 以下	1 000 以下	

表 11-3 法令第二条第二项规定之照明设备
（为照亮空间的广告、装饰等其他照明设备）

亮度	参数						
	限制时间	参考值	照明环境管理区域				单位
			1类	2类	3类	4类	
发光面亮度	日落后 60 min～日出前 60 min	最大值	50 以下	400 以下	800 以下	1 000 以下	cd/m²

表 11-4 法令第二条第三项规定之照明设备
（建筑物、设施、雕塑或自然环境外部或照亮其外部的照明设备）

亮度	参数						
	限制时间	参考值	照明环境管理区域				单位
			1类	2类	3类	4类	
发光面亮度	日落后 60 min～日出前 60 min	最大值	5 以下		15 以下	25 以下	cd/m²
		平均值	20 以下	60 以下	180 以下	300 以下	

例如，光辐射标准针对《实施令》的第二条第一款规定的照明设备，在居住垂直面照度中规定了 1 类区到 3 类区均为最大参考值 10 lx（光照度的单位，lm/m²），4 类区的限值为 25 lx。

此外为了防止人工照明产生的过度光辐射对国民健康或环境的危害，韩国根据《人工照明光污染防治法》于 2021 年 6 月推出政策《划定、管理光污染地区照明环境管理区域》，指定市、道管辖区域内的照明环境管理区域适用照明环境管理区域内灯具的光辐射标准，并制定环保的管理方案。制定第二次光污染防治计划并实施《人工照明光污染防治法》部分下位法修订。光辐射标准十分重要，是《光污染防治法》的重要支撑材料，同时也是下位法和不同照明类型标准的根本依据。

11.3.2　安装管理标准

安装管理标准作为光辐射标准的后续具体实施标准，其基本原则有三点：减少散射光、入侵光、眩光对环境和人类的影响；根据《人工照明光污染法》第 15 条的规定，2021 年 8 月 25 日环境部颁布的《防止光污染的广告照明安装管理标准》，该标准规定广告照明的高效安装和管理有关的事项，作为防止不必要光造成的能源效率低下和视觉不适的参考标准。同时环境部颁布了《防止光污染的安全灯和公园灯安装管理标准》，规定了安全灯和公园的安装管理标准，以便作为防止因光线漏出预期照明区域而引起的能源效率下降和视觉不适的参考标准，适用于照亮行人道路、公园绿地等空间的照明设备，但公园内的树木灯和柱灯除外。环境部颁布《防止光污染的路灯安装管理标准》，该标准通过路灯的高效安装和管理，确保道路使用者和行人在夜间的交通安全，并防止因照明区域漏光而造成的能源效率降低和视觉不适。适用于《人工照明防止光污染法》第 2 条规定。同时发布了《防止光污染装饰照明安装和管理标准》，通过路灯的高效安装和管理，确保道路使用者和行人在夜间的交通安全，并防止因照明区域漏光而造成的能源效率降低和视觉不适。

11.3.3　光污染测量标准

2023 年根据《环境领域试验、检查等相关法律》第 6 条规定颁布了一系列标准及方法，主要有《居住区垂直照度测定方法》《装饰照明的发光表面亮度测量方法》《一般广告照明的发光表面亮度测量方法》《闪烁视频电光类广告物的发光表面亮度测量办法》。分别规定在测定人工照明的光污染中不同情况时，维持准确性和统一性所需的各项事项。

此外，试验标准还包括《光污染工艺试验标准》《装饰照明的发光表面亮度测量方法》《居住区垂直照度测量方法》《一般广告发光表面亮度测量方法》《闪烁视频电光类广告物的发光表面亮度测量方法》。在这一系列试验标准中，重点提出了以下内容：

对装饰照明的发光表面亮度进行测量时，需采用特定的方法以确保结果的准确性。这种方法涉及使用精确的光度计来捕捉光源的实际亮度值。

对于居住区的垂直照度测量，需要考虑到光线在垂直方向上的分布，以及如何影响居民的日常舒适度和视觉体验。

广告行业中，一般广告的发光表面亮度测量也是至关重要的。这要求测量人员必须掌握如何准确地评估广告牌在不同环境和时间条件下的亮度表现。

闪烁视频电光类广告物的亮度测量方法的复杂性，此测量方法不仅涉及静态亮度，还包括动态效果和闪烁频率的影响评估。

工艺试验标准中术语定义包括光源、光反射器、反射光、发光或反射表面、稳态光、闪烁的光、空间照明等。其中，光源是自发光的物体；光反射器具有反射光特性；反射光是光照射到反光器上反射回的光；发光或反射表面指灯具和广告目的照射的物体外表面，可能包含闪烁或视频变化。

全光流广告、闪烁视频电光类广告、一般广告照明、装饰照明、测量平面和角度等概念。分析仪器如照度计、三点亮度计和三面亮度计特定的性能要求。

根据《环境领域测试和检验法》第 6 条的规定，环境部发布《光污染测试技术标准》根据《环境领域试验、检查等相关法律》第 6 条规定，规定在测定人工照明造成的光污染时，维持准确性和统一性所需的各项事项。由此推出光污染工程试验标准，其中对该工程试验标准中使用的术语进行定义。规定人工照明光污染测量时保持准确性和统一性所需的所有事项。

第十二章
重要的法律法规政策

本章翻译了典型国家光污染防治的重要法律、法规和政策，并对主要内容进行了说明。

12.1 暗夜天空（IDA）——照明工程协会（IES）提出的照明条例模板

暗夜天空（IDA）和照明工程协会（IES）提出的照明条例模板，详见附件1，旨在规管户外照明，平衡照明需求与环保节能，主要内容如下：

（1）序言：订立户外照明规例，以满足夜间活动最低照明需求，减少光污染、能源消耗及对环境的不利影响。

（2）照明区域：根据环境照明需求分为 LZ0～LZ4 五个区域，各区域对动植物、人类活动影响不同，对照明要求有别。

（3）一般要求。

符合规范：户外照明安装须符合本条例及相关电气、能源和建筑法规。

适用性：生效日后多数户外照明设备需符合条例，特定情况如道路照明、公共纪念碑照明等豁免。

照明控制：日光充足时，多数室外照明应自动熄灭，特定情况除外；管理局设宵禁时间，超时间室外照明总流明应减或灭，部分情况豁免。

（4）非住宅照明。

规定性方法：室外照明装置满足总流明限值（按泊车位法或场地面积法确定），灯具按表 C 限定安装，停车场照明有遮光要求，装饰性停车照明例外。

性能方法：场地总流明有限制，对场外影响限制可采用方案 A（按表 C 限定安装灯具）或方案 B（用行业标准照明软件分析）。

（5）住宅照明。

一般要求：灯具应完全屏蔽，不超表 G 规定流明输出，主入口等特定情况例外。

景观照明：符合表 G 且不得对准相邻房屋。

（6）经特别许可的照明。

高强度和特殊用途：特殊许可外，禁止安装高流明临时照明、航空激光等特定照明系统。

复杂和不符合规定的用途：复杂场地或特殊用途照明不符技术要求但合意图，经市建局发特别许可证可安装，申请人需证明采取减轻影响措施、采用照明控制装置等。

（7）现有的照明。

摊销："摊销日期"前所有户外照明应符合条例。

新用途或结构，或改变用途：物业用途变更，户外照明需在新用途开始前符合条例。

增加或更改：重大扩建或照明灯具增改超 25%，照明应符合规范；不符合规定的照明设施弃置超 6 个月，恢复使用需符合条例。

（8）表格：表格包括表 A 至 E，给出了各照明区域非住宅户外照明允许总初始照明流明、住宅照明限制等多个指标建议值。

12.2 法国《环境法典》中"光污染防治"要求

法国《环境法典》第五册"污染、风险和干扰预防"第八章第三节"光污染预防”，包含立法部分第 L.583-1 至 L.583-5 条，监管部分第 R583-1 至 R583-7 条，详见附件 2，主要内容包括：

立法部分：第 L583-1 条：为防人造光排放对人与环境的危害及限制能源消耗，制定照明装置法规，不危及国防等安全。第 L583-2 条：环境部门负责人协商后通过法令，指定协会制定照明装置技术要求，费用可由操作使用者承担，特定条件下部长可禁或限光源排放。第 L583-3 条：市长管理照明装置（市政设施除外，归国家管理），国家在特别行政警察监督下执行。第 L583-4 条：本章不适用于某些装置与核装置。第 L583-5 条：违规者须按通知改正，否则暂停照明并支付罚款，每日不超 200 欧元，总额不超 2 万欧元。

监管部分：第 R583-1 条：定义照明装置包括多种设备与管理系统。第 R583-2 条：规定了适用的照明装置。第 R583-3 条：本章节技术要求不适用于照明广告与标志。第 R583-4 条：根据位置确定技术要求，自然保护区与天文观测点灯光受更严格限制。第 R583-5 条：环境部长可禁止或限制特定高流明照明装置。第 R583-6 条：技术要求可根据县情况调整，发布县级适应令。第 R583-7 条：违规者处以五级违法罚款。

12.3 法国关于预防、减少和限制光污染的法令

法国关于预防、减少和限制光污染的法令，详细翻译见附件 3。主要内容包括：

（1）适用范围：针对公共或私人空间的外部照明装置（如道路、建筑、公园等），但不包括车辆、隧道、航空照明等；涉及自然保护区、天文观测点等敏感区域。

（2）使用和关闭时间：商业照明活动结束后 1 h 内关闭；遗产、公园、非住宅建筑照明日落时开启，凌晨 1 点前关闭；停车场照明活动结束后 2 h 内关闭；户外工作照明活动结束后 1 h 内关闭。特殊事件可豁免部分规定。

（3）技术要求：限制光发射比例，确保光污染最小化；色温限制（建成区

3 000 K，敏感区域更低）；照度有最大值限制；禁止侵入性光。

（4）特殊区域要求：天文观测点禁止水平面以上发光；自然保护区和国家公园等区域色温更严格，禁止光炮式照明装置。

（5）管理与检查：提供照明装置技术数据，通过目视、测量等方式检查合规性。

（6）豁免情况：历史灯具和地方特殊事件可豁免部分技术要求。

法令旨在减少光污染，保护生态环境，兼顾公共安全和舒适度。该法令旨在通过明确照明装置的使用时间和技术要求，减少光污染，保护生态环境，同时兼顾公共安全和舒适度。

12.4 意大利伦巴第地区《户外照明节能和抗击光污染的紧急措施法》

意大利伦巴第地区《户外照明节能和抗击光污染的紧急措施法》通过明确区域、省级和市政任务及技术管理要求，旨在减少光污染与能源消耗，保护天文观测站与自然保护区生态，详细翻译见附件 4，主要内容包括：

（1）立法目的是减少光污染和能源消耗，保护天文观测与自然保护区生态。

（2）区域、省、市任务：调整照明系统，合理控制用电，制定计划，授权监管，改造违规光源，实施处罚。

（3）天文台规定：保护天体物理观测站，更新名单和缓冲区，协助地方政府。

（4）光源与照明规定：符合低能耗和光污染标准，禁止广告光束。

（5）财务标准：费用由后续法律条款规定。

（6）处罚与收益用途：不符合标准光源处以罚款，收益用于改善公共照明。

（7）保护区规定：四年内改造或更换光源，实施节能措施。

（8）列出受保护天文观测站名单。

12.5　意大利马尔凯地区《节约能源和控制光污染紧急措施法》

意大利马尔凯地区《节约能源和控制光污染紧急措施法》于 2002 年 7 月发布实施，详细翻译见附件 5。该法的主要内容可概括如下：

（1）立法目的是减少光污染，保护环境，保障天文观测站的科学研究及传播活动。

（2）地区责任。制定和更新条例，维护观测站名单，确定特别保护区，协助市政当局升级照明设施，宣传减少光污染的措施。

（3）市政当局责任。整合建筑条例，监测照明装置，核查新设施，干预重大污染源，确保交通照明安全，制定临时调整方案，整治目标清单。

（4）区域条例。6 个月内通过条例，规定技术标准，授权户外照明，改造现有设施，确定保护区域标准，鼓励节能措施。

（5）照明总体规划。市政当局需为公共照明制定具体规划文书。

（6）遵守规范义务。公共和私人照明规格须符合本法规定，对技术复杂设施提供资金支持。

（7）保护区。维护登记册，确定特别保护区域，观测站报告不符合要求的光源，并与地方当局合作执行本法。

（8）区域贡献。向市政当局提供资金支持，优先支持特别保护区内城市、受保护自然地区和人口少于 5 000 人的城市，规定补助金申请程序和标准。

（9）信息和传播措施。组织宣传活动，提高公众对光污染问题的认识。

（10）制裁。未按技术标准调整的户外照明系统，处以 260 至 1 030 欧元罚款，罚款用于调整公共照明设施。

（11）财务。规定 2002 年及以后年度的财政支出预算和资金来源。

12.6 韩国《防止人造光污染法》

韩国《防止人造光污染法》通过国家和地方政府的职责分工，制定光污染防治计划，设立照明环境管理区，规定光辐射标准，并设立检查和处罚机制，全面管理人工照明，防止光污染对环境和公众健康的影响，详见附件 6，其主要内容包括：

立法目的是防止人工照明过度发光对健康和环境的危害，以环保方式管理照明。光污染指人工照明干扰健康生活或破坏环境的情况；照明灯具指用于照亮空间、广告、装饰等的发光设备。国家制定光污染防治措施，地方政府根据区域特点落实，公民配合执行。

每五年制定一次国家光污染防治计划，涵盖预防措施、技术发展、影响评估、教育与宣传。市长需在一年内制定并向环境部长报告都市计划，每年提交实施结果。委员会负责审议计划及相关法律，由不超过 20 名成员组成，主席由环境部长提名。

关于照明环境管理区，根据光污染风险分为四类（自然环境、农林渔业、居住生活、商业活动），需考虑土地使用和环境影响。由环境部长制定光辐射标准，地方政府可制定更严格标准。照明设备所有者需遵守标准，临时活动可豁免，已有设备需在三年内达标。市长可命令违反标准的设备所有者采取措施，必要时暂停或限制使用。

环境部研究光污染影响，提供技术和财政支持。环境部可规定照明设备的安装和管理标准。市长每三年评估光环境影响并向环境部长报告。环境部长可指定检查机构，违规机构可被取消指定或暂停业务。

罚款：不遵守暂停或限制使用命令的，罚款 1 000 万韩元以下；违反光辐射标准或未采取措施的，罚款 300 万韩元以下。拒绝提交报告或阻挠检查的，罚款 200 万韩元以下。

附件1　暗夜天空（IDA）——照明工程协会（IES）提出的照明条例模板

一、序言

本条例旨在就户外照明订立规例，以便：

a. 允许使用不超过 IES 建议措施中规定的夜间安全、公用事业、保安、生产力、娱乐和商业的最低水平的户外照明。

b. 尽量减少灯光对场外的不利影响，如光侵入和干扰光。

c. 减少光污染，降低白炽灯亮度，改善夜间天文观测环境。

d. 保护自然环境免受气体或电力夜间照明的不利影响。

e. 最大限度地节约能源和资源。

二、照明区域

照明区须制定本条例所对应的照明限制。照明区域如下：

LZ0：无环境照明需求区域，照明将严重影响自然环境的区域。影响包括干扰动植物的生命周期和/或影响人类对自然环境的享受和欣赏。人类活动在重要性上从属于自然。人类居民和使用者的视觉适应全黑环境，他们期望看到很少的或没有照明的情况。不需要时，应熄灭照明。

LZ1：环境照明需求低区域，照明可能对动植物造成不利影响或干扰区域特征的地区。居民和使用者的视觉适应低光照水平。照明可能是用于安全、安保和/或方便，但不一定是均匀的或连续的。宵禁后，随着活动减少，大部分照明应熄灭或减少。

LZ2：环境照明需求适度的人类活动区域，居民和使用者的视觉适应适度的光线水平。照明通常是为了安全和方便而使用的，但不一定是均匀的或连续的。宵禁后，由于活动水平下降，照明可能会被熄灭或减少。

LZ3：环境照明需求中等强度的人类活动的区域，居民和使用者的视觉已适应中等强度的光线水平。照明通常是为了安全、安保和/或方便，而且通常是均匀和/或连续的。宵禁后，由于活动水平下降，大多数区域的照明可能会被熄灭或减少。

LZ4：环境照明需求高的人类活动的区域，居民和使用者的视觉适应高强度光照。照明通常被认为是安全、安保和/或便利的必要条件，它大多是均匀和/或连续的。宵禁后，由于活动水平下降，某些区域的照明可能会被熄灭或减少。

三、一般要求

A. 符合所有适用规范

所有户外照明的安装须符合本条例的规定、适用的电气及能源法规及建筑法规的适用条款。

B. 适用性

除下文所述外，所有在本条例生效日后安装的户外照明设备均须符合本条例。这包括但不限于，新照明、更换照明或任何其他照明，无论是附加到建筑物、电线杆、地面还是任何其他位置，包括任何第三方安装的照明。

豁免下列事项不受本条例规管

a. 在公共通行权或地役权范围内以照明街道或道路为主要目的的照明。如果灯具的目的是照亮公共通行权或地役权以外的区域，则不适用豁免处罚，有路灯条例的规定。如果使用街道照明条例，该豁免条款应行文如下：公共通行权或地役权内的照明，其主要目的是照亮道路和高速公路。当灯具的目的是照亮公共通行权或地役权以外的区域时，任何街道照明和公共通行权或地役权内的任何照明不得豁免。

b. 公共纪念碑和雕像的照明。

c. 仅用于标志的照明（标志的照明受《标志条例》管制）。

d. 对现有灯具的维修不超过已安装灯具总数的 25%。

e. 剧场、电视、演出区和建筑工地的临时照明。

f. 游泳池及其他水景的水下照明。

g. 临时照明和季节性照明，只要单个灯的功率小于 10 瓦，亮度低于 70 流明。

h. 仅在紧急情况下使用的照明。

i. 在 2、3 和 4 照明区，采用自动装置控制的景观照明，该装置设置在场地关闭一小时后或当局规定的时间关闭灯光。

豁免的例外情况：所有照明均须遵守本条例的规定；但是，以下 a 和 b 中列出的照明的任何特殊要求应优先考虑。

a. 特定使用许可证中指定或确定的照明。

b. 联邦、州、地区法律法规要求的照明。

c. 照明控制要求

1. 当有充足的日光时，应使用控制装置或系统自动熄灭所有室外照明，如光电开关、天文时间开关或来自可编程照明控制器、建筑自动化系统或照明能源管理系统的等效功能，所有控制装置或系统都带有电池或类似的备用电源或设备。

以下情况不需要自动照明控制：

a. 遮阳棚下的照明。

b. 隧道、停车场、车库入口及类似场所的照明。

2. 自动减少照明规定管理局须设定宵禁时间，超过宵禁时间，室外照明总流明须减少至少 30%或熄灭。

以下情况不需要减少照明：

a. 除景观照明外，住宅物业的照明，包括没有公共区域的多个住宅物业。

b. 当室外照明只有一个灯具时。

c. 规范要求的台阶、楼梯、走道和建筑物入口照明。

d. 当管理局认为必须保持照明水平时。

e. 运动激活照明。

f. 有特殊使用许可证的照明，并在许可证中明确标明运行时间。

g. 24 小时营业的企业。

四、非住宅照明

对于所有非住宅物业，以及拥有七户或以上住所并具有公共室外区域的多户住宅物业，所有室外照明应符合本节 A 部分或 B 部分的规定。

A. 规定性方法

如果室外照明装置满足下文第 1 和第 2 小节的要求，则符合本节的规定。

1. 所有室外照明设备的初始照明总流明不得超过现场总流明限值。场地总流明限制采用泊车位法（表 A）或场地面积法（表 B）确定。

每份许可证申请只能使用一种方法，对于有现有照明的场地，现有照明应包括在计算总安装流明中。

总安装初始灯具流明计算为所有灯具初始灯具流明的总和。

2. 所有灯具应按表 C 进行限定和安装。

3. 停车场照明的遮光所有的停车场照明都不能有超过 90° 的光。

例外情况：装饰性停车照明必须获得特别许可，且须符合表 C-1 背光、表 C-2 仰光和表 C-3 眩光的要求，无需进行外部的现场改装。

B. 性能方法

1. 场地总流明限制。

现场总流明限制现场所有照明系统安装的初始灯具总流明不得超过允许的初始总流明。允许的总初始站点流明应根据表 D 和 E 确定。对于已有照明的站点，在计算总安装流明时应包括现有照明。所有初始灯具的总安装流明计算为所有灯具初始灯具流明的总和。

2. 对场外影响的限制。

所有灯具的额定和安装应采用方案 A 或方案 B。每份许可证申请只能采用一种方案。

方案 A：所有灯具按表 C 进行限定和安装。

方案 B：整个室外照明设计应使用行业标准照明软件进行分析，包括内部反射，方法如下：

1）输入数据应描述照明系统，包括灯具位置，安装高度，瞄准方向，并采用根据 IES 指南测试的光度数据。在地产线三个物体高度内的建筑物或其他实物必须包括在计算中。

2）分析应利用场地周边由零反射率计算平面组成的围护结构。外壳顶部应高于最高的灯具不小于 33 ft（10 m）。计算应包括箱体顶部和垂直侧面的内表面的总流明，以及箱体侧面的最大垂直照度（尺烛光和/或勒克斯）。

如果满足以下条件，则设计符合要求：

a）虚拟机箱内表面的总流明小于现场总流明限值的 15%；

b）任何垂直表面上的最大垂直照度小于表 F 所允许的最大照度。

五、住宅照明

A. 一般要求

对于住宅物业（包括没有公共区域的多处住宅物业），所有室外灯具应完全屏蔽，且不得超过表 G 第 2 行所允许的流明输出。

例外情形：

1. 在主入口处安装一个部分屏蔽或非屏蔽的灯具，不超过表 G 第 1 行允许的流明输出。

2. 任何其他部分屏蔽或非屏蔽灯具，不超过表 G 第 3 行允许流明输出的。

3. 低电压景观照明的目标是远离相邻的房屋，不超过表 G 第 4 行所允许的流明输出。

4. 屏蔽定向泛光照明，使邻近的房屋看不到直接眩光，不超过表 G 第 5 行所允许的流明输出。

5. 明火煤气灯。

6. 安装有空位传感器的照明，在该区域腾空后，传感器会在不超过 15 min 内熄灭灯光。

7. 第三条（B）规定的照明豁免。

B. 住宅景观照明要求

1. 应符合表 G。

2. 不得对准相邻的房屋。

六、经特别许可的照明

A. 高强度和特殊用途照明

除获得特殊使用许可外，禁止安装或使用以下照明系统：

1. 任何单个灯具超过 20 000 初始照明流明或总照明负荷超过 160 000 lx 的临时照明。

2. 航空激光。

3. 探照灯。

4. 非常强烈的照明，定义为光源超过 200 000 初始照明流明或任何方向的强度超过 2 000 000 cd。

B. 复杂和不符合规定的用途

经市建局签发特别许可证后，可在复杂场地或用途或特殊用途安装不符合本条例技术要求但符合本条例意图的照明，包括但不限于以下用途：

1. 体育设施，包括但不限于无条件的溜冰场、露天场地、运动场和体育场。

2. 建筑照明。

3. 有特殊要求的工业场所照明，如石化制造或储存、航运码头等。

4. 停车结构。

5. 城市公园。

6. 桥梁、公共纪念物、雕像和公共建筑物的装饰和建筑照明。

7. 主题和娱乐公园。

8. 惩教设施。

要获得此类许可，申请人应证明拟议的照明装置

a. 已尽一切合理的努力减轻灯光对环境和周围财产的影响，并附有说明减轻措施的签名声明。该声明应附有“性能方法”所需的计算。

b. 采用照明控制装置，在许可中规定的特定项目宵禁（“宵禁”）时间减少照明。

c. 宵禁时间减少照明。

管理局应审查每份申请。如果管理局在审查后认为拟议的照明不会造成不必要的眩光、天光或光入侵，则可颁发许可证。

七、现有的照明

在本条例生效日期前安装的照明必须符合下列规定：

A. 摊还

在“摊销日期”当天或之前，所有户外照明均应符合本规范。

B. 新用途或结构，或改变用途

当物业有新用途（分区或变更）或物业的用途发生变化时，该物业的所有户外照明必须在新的或改变的用途开始之前符合本条例的规定。

C. 增加或更改主要的新增

如果在物业上发生重大扩建，整个物业的照明应符合本规范的要求。就本节而言，以下被认为是主要的新增：在本条例生效日后，单次增建或累计增建的住宅单位、总楼面面积、座位容量或停车位增加 25%或以上。在本条例生效之日，单个或累计增加、修改或更换 25%或以上已安装的现有户外照明灯具。

1. 非住宅及多住宅的修改、增建或新建照明装置。

对于非住宅及多住宅而言，在本条例生效之日，所有增建或更换超过 25%的现有户外照明装置，均须提交一份详细说明所有现有及任何拟议新建户外照明装置的完整清单和地盘图则。任何新照明必须符合本条例的规定。

2. 废弃后恢复使用。

如不符合规定的照明设施被弃置六个月或以上，所有户外照明设施须符合本条例的规定，才可继续使用该物业。

八、表格-条例文本

表 A 每个场地的非住宅户外照明的允许总初始照明流明（泊车位法）

LZ0	LZ1	LZ2	LZ3	LZ4
350 lms/space	490 lms/space	630 lms/space	840 lms/space	1 050 lms/space

注：每个停车位方法仅适用于最多 10 个停车位的物业（包括残疾人无障碍停车位）。

表 B　非住宅户外照明每个站点允许的初始总流明（场地面积法）

（单位：lm/in²）

LZ0	LZ1	LZ2	LZ3	LZ4
0.5	1.25	2.5	5.0	7.5

注：场地面积法可用于任何项目。当场地车道和公共街道或道路的交叉路口照明时，每个交叉路口的实际场地硬景观面积可能增加 600 ft²，以提供交叉路口照明

表 C-1 最大允许向下照射的额定值

TABLE C-1	LZ0	LZ1	LZ2	LZ3	LZ4
距房屋线的安装高度大于 2	B1	B3	B4	B5	B5
距离房屋线 1～2 以下的安装高度，理想角度	B1	B2	B3	B4	B4
安装高度距房屋线 0.5～1，理想方向	B0	B1	B2	B3	B3
安装高度与房屋线的距离小于 0.5，且朝向正确	B0	B0	B0	B1	B2

表 C-2　最大允许向上照射的额定值

TABLE C-2	LZ0	LZ1	LZ2	LZ3	LZ4
光照等级限制	U0	U1	U2	U3	U4
街道或区域照明允许 90%以上的发光度	0%	0%	0%	0%	0%

表 C-3　最大允许眩光的额定值

TABLE C-3	LZ0	LZ1	LZ2	LZ3	LZ4
允许眩光等级	G0	G1	G2	G3	G4
任何灯具不理想的方向：安装高度 1～2 的任何房屋线的考虑	G0	G0	G1	G1	G2
任何灯具不理想的方向：安装高度 0.5～1 的任何房屋线的考虑	G0	G0	G0	G1	G1
任何灯具不理想的方向：安装高度＜0.5 的任何房屋线的考虑	G0	G0	G0	G0	G1

表 D　点位允许的总初始流明（性能方法）

	LZ0	LZ1	LZ2	LZ3	LZ4
每平方英尺流明限制	0.5	1.25	2.5	5.0	7.5
每个站点的基础流明限制	0	3 500	7 000	14 000	21 000

表 E　附加初始灯具流明允许值（性能法）

照明应用	LZ0	LZ1	LZ2	LZ3	LZ4
建筑物入口或出口。这个定量是按出入口个数计算的。为了符合限值，灯具必须在离门 20 ft 以内	400	1 000	2 000	4 000	6 000
建筑立面。该定量是指被照亮的建筑立面单位面积的流明。为了符合限值，灯具必须对准立面，并能够无阻碍地照亮它	0	0	8/SF	16/SF	24/SF
销售或非销售雨棚。该容差是雨棚滴水线内总面积的单位面积流明。为了限制定量，灯具必须位于顶棚下方	0	3/SF	6/SF	12/SF	18/SF
警卫站。该定量为警卫室单位面积的流明加上每条车道 2 000 ft^2。为了符合限值，灯具必须在车道或警卫室的 2 个安装高度内	0	6/SF	12/SF	24/SF	36/SF
户外用餐。该容差是室外用餐总照明的单位面积流明。为了符合限值，灯具必须在室外用餐区域的 2 个安装高度以内	0	1/SF	5/SF	10/SF	15/SF
窗户。该定量为每扇窗户的流明数。为了符合限值，灯具必须在窗户中心 20 ft 以内	0	2 000 lm/窗	4 000 lm/窗	8 000 lm/窗	8 000 lm/窗
汽车服务站人造景观。该定量是指总照明面积减去建筑物面积、雨棚下面积、建筑物外面积或被标志或结构遮挡的面积后的单位面积流明。为了符合限值，灯具必须照亮硬景观区域，不得位于建筑物内、雨棚下方、建筑红线之外，也不得被标志或其他结构遮挡	0	4/SF	8/SF	16/SF	24/SF
车辆服务站顶篷。这个余量是指在雨棚内的总面积的单位面积流明。为了符合限值，灯具必须位于顶棚下方	0	8/SF	16/SF	32/SF	32/SF
户外销售场地。这一定量是每平方英尺流明的未覆盖销售地段，专门用于展示车辆或其他出售商品，不得包括车道，停车场或其他非销售区域，不得超过总面积的 25%。 要符合限值，灯具必须在销售地段区域的 2 个安装高度内	0	4/SF	8/SF	12/SF	18/SF
户外沿街销售区域。此定量适用于紧邻主要观看位置且观看范围不受阻碍的销售区域。一个转角销售地域可能包括两个相邻的侧面，前提是每侧都有不同的观察位置。为了符合限值，灯具必须位于主要观看位置和室外销售区域之间	0	0	1 000/LF	1 500/LF	2 000/LF

表 F　地产边界线平面上任意点的最大垂直照度

LZ0	LZ1	LZ2	LZ3	LZ4
0.05FC/0.5LUX	0.1FC/1.0LUX	0.3FC/3.0LUX	0.8FC/8.0LUX	1.5FC/15.0LUX

表 G　住宅照明限制

照明应用	LZ0	LZ1	LZ2	LZ3	LZ4
只适用于一个入口的非屏蔽灯具的最大容许流明	不允许	420	630	630	630
每个全屏蔽灯具的最大允许流明	630	1 260	1 260	1 260	1 260
每个非屏蔽灯具的最大容许流明（主入口除外）	不允许	315	315	315	315
每个景观照明的最大允许灯具流明	不允许	不允许	1 050	2 100	2 100
每个屏蔽定向泛光照明的最大允许灯具流明	不允许	不允许	1 260	2 100	2 100
每个低电压景观照明的最大允许灯具流明	不允许	不允许	525	525	525

附件2　法国《环境法典》中“光污染防治”要求

法国《环境法典》立法部分，第五册“污染、风险和干扰的预防”第八章“保护生活环境”中的第三节为“光污染的预防”，条款包括立法部分第L.583－1条至L.583－5条，在法典的监管部分，包括第R583－1至R583－7条内容。如下对条款进行了翻译。

立法部分

第L583－1条

为防止或限制人造光的排放对人和环境造成的危险或过度干扰并限制能源消耗，可实施法规以减少照明装置的运行和使用的排放，且不危及国防和公共安全以及敏感设施和结构的安全。

有关的照明装置是由国务院法令根据其总发光功率、照明应用类型、安装区域和安装的设备来定义的。

第L583－2条

1. 为实现第L583－1条中提到的目标，环境部门负责人在与相关专业机构协商后通过法令确立环境部长命令指定的经批准的环境保护协会、全国市长代表协会以及在国家级组织公共配电的社区代表协会：

（1）制定L583－1条中提及的法令定义的每类照明装置相关的技术要求，根据其功率、照明应用类型、安装区域和安装的设备。这些要求可能与照明的安装和操作条件、平均发光功率、发射的光通量及其在空间和时间上的分布以及所用光源的发光效率有关。

（2）L583－3 条中提及的主管控制的行政当局可以根据核实或已经核实的条件来决定费用由操作或使用照明装置的人承担，符合本条款中所提及的要求。

这些要求生效之日后投入使用的自动装置具有约束力。它们根据其功率、照明应用类型、安装区域和安装的设备，指定了适用于其他安装的截止日期和条件。

2. 当地特征、光源或光发射的性质证明其符合第 L583－1 条中提到的目标时，负责环境的部长可以通过理事会法令进行暂时或永久禁止以及限制全部或者部分辖区上的某些类型的光源或排放。

3. 除实施永久禁令的法令外，1. 和 2. 中的法令可以规定条件，在与法令确定的主管部门委员会协商后，它们所包含的条款可以根据县法令和当地情况进行调整。

第 L583－3 条

对遵守第 L583－2 条第Ⅰ款规定的控制属于市长的职权范围，但市政设施除外，市政设施根据其总发光功率、应用、区域和设备定义，该控制属于国家职权范围。这种控制由国家根据其总发光功率、应用、区域和设备在特别行政警察的监督下进行。

第 L583－4 条

本章不适用于第五卷第一章管辖的装置，也不适用于第 L593－1 条中提到的基本核装置。

第 L583－5 条

如果不遵守适用于本章管辖的设施的相关规定或实施这些设施而通过的法规，主管行政当局应在其确定的期限内通知被要求的相关人员。

如果在此期限结束时，相关人员仍未按通知要求遵守规定，则主管行政当局应通过命令暂停照明设施的运行，直到满足遵守规定的条件，并应采取必要的预防措施，费用由收到正式通知的人承担。

主管行政当局可以命令相关人员每天支付不超过 200 欧元的罚款，从通知发出日期开始计算，直到条件得到满足。

罚款应与违规行为的严重性成正比，应特别考虑对环境造成的干扰程度，支付罚款的总金额不得超过 20 000 欧元。

监管部分

第 R583 – 1 条

就本章而言，照明装置是指旨在产生人造光的任何装置，尤其包括以下设备的全部或部分：

1. 标准 NF EN 12 665 中定义的灯或光源；

2. 第 245/2009/EC 号条例第 2 条第（5）款定义的灯设备；

3. 第 245/2009/EC 号条例第 2 条第（6）款定义的灯具；

4. 照明装置的单独或集体管理系统，允许对其运行进行调节、编程或监控。

第 R583 – 2 条

1. 为了防止、减少和限制光污染和能源消耗，第 L583 – 2 条和 L583 – 3 的规定适用于以下用途的照明装置；

2. 旨在促进通行、人员和货物安全以及公共或私人空间（特别是道路）中使用者舒适度的户外照明，不包括车辆照明和信号装置；

3. 为增强《遗产法》第 L1 条所定义的遗产、建筑环境以及公园和花园而提供的照明；

4. 户外或户外运动设施的照明；

5. 建筑物的照明，包括建筑物外墙的照明和发射到这些建筑物外部的内部照明；

6. 无遮盖或半遮盖停车场的照明；

7. 户外活动照明，包括在艺术、文化、商业或休闲活动场合使用的临时灯光装置；

8. 户外建筑工地照明。

第 R583 – 3 条

本章规定的技术要求不适用于照明广告和照明标志，分别受 L581 – 9 和 L581 – 18 条的约束。

第 R583－4 条

环境部长根据第 L583－2 条第Ⅰ款通过的技术要求是根据照明装置的位置确定的，具体取决于它们是否位于道路交通相关法规归类为集聚区的区域或这些集聚区以外的区域。

在本文所附表格中提到的自然区域以及天文观测点中，其清单和范围由环境部长在咨询负责研究的部长后确定。在其管辖的有关观察点中，灯光装置受到比安装在城市地区和城市地区以外的装置更严格的限制措施。

【第 R583－4 条附录《环境法典》第Ⅲ卷和第Ⅳ卷中提及并在本法令中提及的自然保护区名单】：

第 L331－2 条和 R331－46 条中提及的创建国家公园的法令的区域；

第 L332－2 条和 L331－16 条中提及的自然保护区和保护范围；

第 L333－1 条中提及的区域自然公园；

第 L334－3 条中提及的海洋自然公园；

第 L341－1 条和 L341－2 条中提及的分类地点和所列地点；

第 L414－1 条中提到 Natura 2000 地点。

这些规定可能涉及照度（以勒克斯为单位）以及光效（以流明每瓦特为单位）、照明度，也称为光通量密度（光源的总光通量与被照亮的表面相比，以每平方米流明为单位）、亮度（以坎德拉每平方米为单位）、眩光限制、光发射的光谱分布作为以及表征光空间分布的量，他们可以根据用途和所涉及的区域，设定某些照明装置的操作程序。

第 R583－5 条

环境部长可以在咨询国家自然保护委员会后，根据第 L583－2 条第Ⅱ款发布命令，暂时或永久禁止或限制光通量超过 100 000 lm 的炮式轻型照明装置、激光束装置以及位于第 R.583－4 条中提及自然区域和天文观测点的照明装置。

当涉及国防部管辖的土地时，环境部长应获得国防部长的意见。

第 R583－6 条

环境部长制定的适用于照明装置的技术要求，如 L583－2 第 1 条和第 2 条规定，在与环境、健康和技术风险部门委员会协商后，可以根据第 L583－2 条第 3 款发布县级适应令。

前款规定的法令副本应送交该省的每一位部长，并在该省发行的两份地方或地区报纸上刊登摘录。

第 R583－7 条

不遵守环境部长根据 L583－2 条第 1 款制定的技术要求，可能由县级命令调整，或违反根据 L583－5 条发布的法令维持照明装置的运行，应处以 5 级违法行为规定的罚款。

附件3　法国2018年12月27日关于预防、减少和限制光污染的法令

国务部长、生态和包容性转型部长以及隶属于国务部长、生态和包容性转型部长的国务秘书；

考虑到《环境法典》，特别是其 L.120－1，L.583－1 至 L.583－5 和 R.583－1 至 R.583－7；

考虑到《劳动法典》，特别是其第 L.3132－24、R.4223－1 及以下以及 R4534－1 及以下的条款；

考虑到公路法典，特别是其第 R110－2 条；

考虑到有关专业机构、环境部长指定的经批准的环境保护协会、国家级市长代表协会和国家级公共电力分配组织代表协会的意见；

考虑到国家自然保护委员会 2018 年 11 月 22 日的意见；

考虑到国家标准评估委员会 2018 年 12 月 13 日的意见。

第一条

本法令适用于以下照明装置：

（a）旨在促进公共或私人空间（尤其是道路）中的通行、人员和货物安全以及用户舒适度的外部，不包括车辆照明和信号装置、隧道照明、确保航空安全、铁路安全、海上安全和河流安全而建立的照明装置除外；

（b）《遗产法》第 L.1 条所定义的遗产、建筑环境，以及向公众开放或属于公司、社会房东或公寓的私人和公共公园和花园；

（c）室外或室外运动设施；

（d）非住宅建筑，包括建筑物的照明和向这些建筑物外部发出的内部照明，不包括收费广场；

（e）无遮盖或半遮盖停车场；

（f）户外活动，包括在艺术、文化、商业、体育或休闲活动期间使用的临时灯光装置；

（g）户外建筑工地。

第二条

本法令第 1 条（a）款所界定的与商业活动有关的户外照明，位于封闭的无遮盖或半遮盖空间内，应在活动停止后 1 小时内关闭，并最早应在上午 7 点重新打开，如果活动提前进行，则应在活动开始前 1 小时内重新打开。

（b）中定义的遗产、公园和花园的照明应最早在日落时打开，最迟应在凌晨 1 点关闭，如果公园和花园，则不迟于关闭后 1 小时。

（d）中定义的非住宅建筑物的照明应最早在日落时打开，最迟应在凌晨 1 点关闭。专业用途场所的室内照明应在使用结束后一小时内关闭，并应在最早的上午 7 点或活动开始前 1 小时打开。

商业或展览商店橱窗内的照明最迟应在活动停止后凌晨 1 时关闭，如较晚，则最早应于上午 7 时或活动开始前 1 小时开启。

本法令第 1 条（e）款所界定的附属于活动场所或区域的停车场的照明应最早在日落时打开，并应在活动停止后 2 小时内关闭。如果提前进行，这些灯最早可以在早上 7 点或活动开始前 1 小时重新打开。

在不影响《劳动法》第 R.4534－1 条及以下条款的情况下，（g）中定义的户外工作场所的照明应最早在日落时打开，并应在活动停止后 1 小时内关闭。

在《环境法典》第 R.583－6 条规定的条件下，省长可以采取更严格的适应措施，以考虑到对光、动植物物种的影响以及《环境法典》第 L.371－1 条所述的生态连续性的特别敏感性。

这些装置与存在检测装置和自然照明控制装置相结合时，可以调整第 1～4 段的要求。存在检测设备仅生成聚光灯。

在公共假期前夕和圣诞节灯饰期间，市长可以豁免第 1 条（b）和（d）中提到的照明装置（有关建筑物外墙的除外）的规定。

在县法令规定的地方性质的特殊事件中，在《劳动法》第 L.3132－24 条所述的旅游区和国际旅游区，省长可以豁免这些规定。

在适用的情况下，照明设施的管理人员应开始思考关闭其装置的可能性。这种反思是与参与地方以及抗击光污染的各种行为者一起进行的。

本法令第 1 条（a）中定义的外部照明与商业活动相关并位于未覆盖或半覆盖的封闭空间内，在活动停止后不迟于 1 h 关闭并关闭如果提前完成，最早在早上 7 点或活动开始前 1 h 打开。

第三条

外部照明装置的人造光发射和向外部发射的内部照明的设计旨在防止、限制和减少光污染，特别是对人、野生动物、植物群或生态系统的过度干扰，导致能源浪费或阻碍观察夜空。

本法令第 1 条所指的照明装置配备灯具，确保满足以下要求：

对于第 1 条（a）中定义的外部照明和（e）中定义的停车场，管理人员确保他们所获取的灯具发出的光在水平面以上的比例的标称值严格小于 1%，管理人员应确保在建成区和建成区外，在现场，照明安装符合制造商推荐的安装条件，并在任何情况下确保水平以上发出的光比例严格小于 4%。

2023 年 12 月 31 日之前，符合以下条件之一的灯具免受其发出光比例的名义值阈值限制：

自 1945 年以来，灯具一直存在于其位置；

灯具复制了 1945 年之前的模型，并已根据《遗产法典》第二卷中提到的档案重建；

灯具作为历史古迹或受《遗产法典》第六卷中提到的著名遗产地的规定保护，或被整合到受这些标题之一保护的建筑物或房地产综合体中，或根据《城市规划法》；

灯具被集成到已获得《遗产法》第 L.650－1 条所述标签的建筑物或房地产

综合体中。

对于第 1 条（a）项中定义的室外照明和（e）项中定义的停车场，在下半球以 3π/2sr 的立体角（相于 75.5° 的半角锥体）发射的光通量与整个下半球发射的光通量（CIE 通量代码第 3 号）的比例大于 95%，在建成区和建成区外。

对于（a）中定义的室外照明、（d）中定义的非住宅建筑和第 1 条（e）中定义的停车场，建成区和建筑区外的色温不得超过 3 000 K 的最大值。

安装的照度（光源相对于要照明的表面的总光通量，以每平方米流明为单位）符合以下最大值：

以 lm/m^2 为单位	在建筑密集区	建筑区外
室外照明	＜35	＜25
b 中定义的公园和花园	＜25	＜10
d 中定义的非住宅建筑	＜25	＜20
e 中定义的停车场	＜25	＜20

根据主管局设定的时间段，安装的照明度可能会在夜间降低。

对于行动不便人士可通行的室外道路以及行动不便人士可通行的室外停车场及其行人交通，照明不超过 20 lx。

照明装置不得在住宅中发出过多的侵入性光，无论这种光的来源如何。

第四条

1. 在 2018 年 12 月 27 日法令所列天文观测地点的范围内，第 1 条所述的照明装置及其使用应符合第 2 条规定的临时性条件和第 3 条规定的技术要求，如对外部建筑物的规定。

对于位于这些空间的第 1（b）条中定义的装置，在安装条件下，灯具在水平面上方发出的光的比例为 0。

在这些相同的空间中，建筑工地照明的色温不得超过 3 000 K。

2. 在 2011 年 7 月 12 日法令附件第二段所述的自然保护区和保护区内，第 1 条所述的照明装置及其使用应符合第 2 条规定的临时性条件和第 3 条规定的技术要求，如对外部建筑物的规定。

对于位于这些空间的第 1（b）条中定义的装置，在安装条件下，灯具在水平面上方发出的光的比例为 0。

在同一空间内，第（a）至（f）条所界定的照明装置的色温不得超过 2 400 K，第（g）条所界定的照明装置的色温不得超过 3 000 K。

根据《环境法典》第 L.583—2 条，省长在与自然保护区的经理和咨询委员会以及该法典第 R.583—6 条所述的部门委员会协商后，可以对自然保护区及其保护范围采取更严格的要求。省长还应就区域自然保护区及其保护范围与区域委员会协商，或就科西嘉自然保护区及其保护范围向科西嘉集体咨询。

这些更严格的要求可以调整第 2 条和第 3 条以及本款中定义的要求，并可能涉及第 1 条中定义的全部或部分照明装置。

3. 在 2011 年 7 月 12 日法令附件第三段和第四段中分别提到的区域自然公园和海洋自然公园中，以及在同一法典第 L.331－2 条中提到的建立国家公园的法令所归类的遵守国家公园宪章的市镇领土内，根据《环境法典》第 L.583－2 条，省长在与被列为区域自然公园的市镇、海洋自然公园管理委员会或国家公园公共机构董事会协商后，在与同一法典第 R.583－6 条所述的部门委员会协商后，可以采取更严格的要求。

这些技术要求调整了第 2 条所界定的时间性要求，以便使这些要求更加严格，适用于这些自然区域的全部或部分周界。可以调整第 3 条中定义的技术要求，适用于这些自然区域的全部或部分城市，包括第 1 条（b）和（f）项中定义的照明装置。

在同一法典第 L.331－2 条中提到的建立国家公园的法令分类的国家公园核心范围内，照明的最高色温在建成区为 2 700 K，在建成区外为 2 400 K。

4. 禁止在自然区域和《环境法典》第 R.583－4 条所述的天文观测点周边使用光通量超过 100 000 lm，光炮式照明装置，固定、移动光束，并安装激光束，天文台活动所需的设备除外。

5. 第 1 条所述的照明装置不直接照亮水道、公共河流领域、水体、湖泊、池塘、公共海洋领域（陆地和海洋部分），但《劳动法》中关于港口装卸专业的规定以及出于安全原因在水体沿线的交通和停车区除外，用于特定事件或作为 DMP 或 CFO 临时占用授权的一部分。本条范围不包括用于工业装卸、商业和渔业作业的港口设施，包括 DPM 和 DPF 内紧邻设施的水域。

为了限制从海上看光点的能见度，在沿海地区安装任何新的照明装置，从海洋或海滩上可以看到，必须背对着 DPM 和配备隐藏光点的装置，以将照明移向 DPM，并仅照亮需要利用的陆地表面。

6. 在《环境法典》第 R.583－6 条规定的条件下，省长还可以暂时或永久禁止光通量超过 100 000 lm 的光炮型照明装置和在某些地区安装激光束，以考虑到对光的影响特别敏感的动物物种。

第五条

经理应向执行检查以确保遵守本命令的代理人提供有关其负责的照明装置的以下技术数据：

灯具在水平面上方发出的光的比例（以%为单位）；

灯具在 75.5° 半角锥体中发出的光相对于水平线以下发出的光的比例（以%为单位）（CIE 通量代码第 3 号）；

光源发出的光的标称色温（以开尔文为单位）；

以最大速度运行的灯具的电力（以瓦特为单位）；

以最大速度运行的光源的标称光通量（以流明为单位）；

灯头的安装日期。

经理还应向检查员提供必要的信息，以核实照明装置是否符合第 3 条至第 4 条的规定。

对遵守本命令第 2 条规定的要求的控制应由《环境法典》第 L.583－3 条所述的主管局目视执行。

对于第 3 条中定义的其他要求，可以通过测量（色温）和计算（平均安装光通量，CIE 通量代码 3）进行检查。

附件 4　意大利伦巴第地区《户外照明节能和抗击光污染的紧急措施法》

第一条（目的）

1. 本法的目的是减少该地区光污染及其能源消耗，从而保障区域或省级重要的专业天文或其他科学观测站开展科学研究，同时维持自然保护区内外的生态平衡。

2. 就本法而言，任何形式的人造光在其功能区域外发生照射，特别是朝向地平线以上区域照射的情况，被认定为光污染。

第二条（区域任务）

1. 本区域鼓励根据 1991 年 1 月 9 日颁布的《新国家能源计划实施细则：机构方面、水力发电厂和输电线、碳氢化合物和地热能、资产和财政规定》和《国家能源计划实施条例关于合理利用能源、节约资源和发展可再生能源的规定》，对现有的外部照明系统进行调整。

2. 所有与公共和私人照明有关的规范都必须符合本法的目的。

第三条（各省任务）

1. 各省

（a）正确合理地控制外部照明用电，以确保本法规定的原则得以执行；

（b）负责起草和公布境内设有保护天文观测站的城市名单；如果省域以外的城市属于指定的保护区，则该名单还应包括此类城市。

第四条（市政当局的任务）

2. 市政当局

（a）自本法生效之日起三年内，在不影响第（d）款和第 6 条第 1 款规定的前提下，根据本法制定针对管理新设施的照明计划；

（b）所有外部照明系统均需严格遵守市长授权制度，包括用于广告目的的照明系统；为此，该项目必须由该设施生产厂商认定的专业人士起草；项目必须证明照明系统符合本法的要求，并且在工程结束时，向市政当局发布符合第六条和第九条所述标准的声明，或者出具与 1990 年 3 月 5 日第 46 号法律规定（装置安全标准）法律规定类似的测试证书；上述程序也适用于公共照明系统；测试的维护和费用由设施设备承包商承担；

（c）通过主动或应天文台或其他科学天文台的要求开展定期检查，确保公共和私人实体在其权限范围内遵守和适用本法；在本法生效之日起 60 天内发布具体条例，以控制外部照明产生的亮度和能源消耗，并附上用于颁发建筑许可证的具体说明；

（d）应天文台或其他科学天文台的要求，对不符合本法要求的光点进行检查，并对其进行改造或更换，保证其在任何情况下符合规定的标准。在违规通知发出一年内，如果发生仍然存在违规情况，则应在六十天内完成改造或更换；

（e）根据情况适用第八条所述的行政处罚，并将相关行政处罚收益用于该条款中所提到的目的。

第五条（有关天文台的规定）

1. 从事科学研究的国家天文和天体物理观测站、专业和非专业的地区或省级观测站受本法保护。

2. 地区委员会在本法生效之日起一百二十天内：a）根据意大利天文学会和意大利业余天文学家联盟的提议，更新第十条中提及的天文台名单；b）提供具体的分辨率来确定相关的缓冲区。

3. 地区委员会还将在本法生效后一百二十天内，按照适当比例确定保护区，并将制图文件副本发送给有关城市。

4. 天文台：a）通知地方政府违反本法要求的光源，并要求其对这些光源通过改造或更换的形式对其进行干预，或采用其他方式使其符合规定的标准；

b）与地方当局合作，按照其具体权限更好、更及时地实施本法。

第六条（光源和外部照明用电的规定）

1. 为执行第一条规定，自本法生效之日起，所有处于设计或招标阶段的外部、公共和私人照明系统，均需按照符合光污染和低消耗的标准进行。对于实施过程中的照明系统，应根据本条规定，对不向上散射光的系统采取强制性措施，如果条件允许，应立即执行。

2. 只有在 90° 及以上的最大光强度为 0 cd/1 000 lm 的系统才被认为是抗光污染并降低能耗；这类照明系统必须配备与技术水平相适应的尽可能高效率的灯；该类照明系统的生产还必须使照明表面不超过安全标准（如有）所要求的最低平均亮度水平，并且必须保证与满负荷运行能力相比，配备能够在 24 h 内减少不小于 30%系统灯光的发射的特殊装置量。如果照明表面的使用条件不会危及安全，则必须进行减量；对于开展与公共秩序、司法和国防有关的活动的机构，用于减少耗电的装置的规定可视情况而定。

3. 对于内部化且无污染的光源、中等规模系统（最多三个中心有一个光点）中每个发射量不超过 1 500 lm 的光源、临时使用的光源可豁免。但这些光源必须按照冬季时晚上 8 点关闭，夏季时在 10 点前关闭。

4. 未配备自我照明功能的照明标志必须从上到下进行。

5. 在整个地区范围内，探照灯、泛光灯和灯塔的使用应按照第九条的规定。

6. 各类体育设施和其他大面积照明的场所，必须采用标准和措施，防止光线向上述设施上方或外部散射的现象。

7. 根据本条第 2 款规定的标准修改光源倾斜度，必须在本法生效之日起十八个月内实施。

8. 制造商、进口商或供应商必须在其销售的光源的技术特性中，通过在产品上贴上“符合伦巴第地区法律规定的防治光污染和低消耗光学器件”字样，证明其符合本法，并附上正确使用的说明。

9. 明确禁止纯粹为广告目的而使用的任何类型的旋转或固定的光束。

10. 在建筑物和纪念碑的照明中，应优先考虑采用自上而下的照明系统。当这种情况不可能实现并且该建筑物具有特定且经过验证的建筑价值时，光束必须控制在需要照亮的表面边缘以下至少 1 m。并且在任何情况下，通过在 24 h 内部分或全部熄灭的方式保持在其周围区域范围内减少用电量。

第七条（财务标准）

本法规定的费用授权将由后续法律条款进行规定。

第八条（保护区处罚）

1. 任何人在受本法所保护的天文台站点范围内，使用不符合第 6 条及第 9 条规定标准的系统及光源，如在收到通知之日起六十日内不改正，则将受到主管市政府处以 40 万到 120 万里拉的行政处罚。

2. 根据主管天文台提供的具体资料，如果此类设施构成重大光污染源，并在整个活动期间满负荷运行，则处以 70 万至 210 万里拉的行政处罚，即使是为了简单的广告或促销目的。

3. 市政当局应将处罚所得收益用于公共照明系统，使其符合本法规定的标准。

4. 公共实体，包括市政当局，如在规定的时间内（不超过 4 年）未能遵守本法规定的标准，则应停止享受因公共照明设施用电成本降低带来的好处，直到符合该标准为止。

5. 前款所述规定是在区域委员会根据当地主管天文台的检查和报告后以决议形式通过的。

第九条（与保护区有关的规定）

1. 自本法施行之日起四年内，凡不符合上述标准且不合格的光源，应予以更换和改造，以减少使用高、低钠灯造成的光污染和能源消耗。

2. 为改造第 1 款提到的照明系统，私人团体可以在框架上安装特殊屏幕，或者简单地更换灯具防护玻璃或灯罩，前提是确保灯具本身具有与本条和第 6 条规定的特性相似的特性。

3. 为了减少能源消耗，在没有光通量调节器的情况下，有关各方可以在冬季晚上 11 点和夏季时段的晚上 12 点前关闭 50%的光源。对于开展与公共秩序、司法和国防有关的活动的机构，有关减少能源消耗的规定可视情况而定。

4. 所有现有的高污染光源，如灯泡、灯笼或类似光源，必须进行屏蔽，或在任何情况下配备能够容纳光通量并将其引导到地面的 90° 及以上透明保护玻璃，但不得超过每 1 000 lm 15 cd。根据有关市政当局和主管天文台之间商定的具体说明，对于每个发射不超过 1 500 lm（最多三个中心有一个光点），对于临时使用的灯，或者通常在晚上 8 点前和夏季时晚上 10 点前关闭的灯，对于预计在自《公约》生效之日起四年内更换的灯，给予豁免。未配备自身照明装置的照明标志必须从上到下照明。在任何情况下，所有类型的非特定且必不可少的夜间照明标志必须在晚上 10 点前熄灭，夏季时则在晚上 11 点前熄灭。

5. 照明停车场、庭院、建筑工地、铁路和公路交叉口、工业园区、体育设施和各种区域的聚光灯、照明塔和反射器必须相对于地面具有与特性相关的倾斜度的，在 90° 及以上时每 1 000 lm 的发射亮度不超过 0 cd。

6. 根据规定的标准，光源倾斜度的修改应在本法生效之日起六个月内实施。

第十条（天文台名单）

1. 受保护的专业天文和天体物理观测站：

-梅拉特天文台（LC）。

2. 对区域利益具有重大文化、科学和公众重要性且需要保护的非专业天文观测站是：

-卢梅扎内塞拉菲诺扎尼天文台（BS）；

-弗吉尼亚州天文观测站（VA）；

-索马诺天文台（CO）。

3. 受保护的从事科学和/或传播活动的省级天文和非专业天体物理和观测站：

-奥罗比克前阿尔卑斯航空天文台（BG）；

-卡斯蒂奥内德拉普雷索拉纳城堡天文台（BG）；

-迪科沃沙鲁天文台（BS）；

-布雷西亚公民协会（BS）；

-巴萨诺布雷西亚诺私人天文台（BS）；

-西马休息天文台一马萨加（BS）；

-克雷莫纳业余天文学家团体社会天文台（CR）；

-索雷西纳公共天文台（CR）；

-洛迪吉亚诺省天文台（LO）；

-格罗索迪布鲁赫里奥社会站（MI）；

-木城天文台（MI）；

明尼苏达州公共天文台（MN）；

朱塞佩·皮亚齐·迪庞特公共天文台（SO）。

第十一条（最终条款）

1. 在本法生效后一百八十天内，地区委员会发布本法的适用标准。

2. 即使领土不属于第 9 条第 1 款所述缓冲区的市镇，也可以通过批准具体条例使其适用本条规定的标准。

第十二条（生效）

本法应在伦巴第地区官方公报公布后六十天生效。

每个伦巴第地区的公民都有维护《伦巴第地区的法律》的责任和义务。

附件 5　意大利马尔凯地区《节约能源和控制光污染紧急措施法》

2002 年 7 月 24 日第 10 号法律

第 1 条（目的）

1. 为保护和改善环境、保障受保护的天文观测站开展相关科学研究及传播活动，本地区要求减少区域范围内的光污染及由此产生的能源消耗。

2. 就本法而言，大气光污染是指以任何形式扩散到功能区之外的人造光辐射，尤其是当照射方向在地平线以上时。

第 2 条（地区的责任）

1. 该地区的职权范围如下：

a）通过《减少和防止光污染条例》；

b）维护并更新天文和天体物理观测站名单，并确定相关的特别保护区；

c）向市政当局提供援助，以使现有的公共户外照明设施符合相关法律规定的技术标准；

d）根据第 9 条所述的方法，宣传有关减少和防止光污染的规定。

第 3 条（市政当局的责任）

1. 市政府行使以下职能：

a）根据第 4 条所述条例的规定整合建筑条例；

b）在征求天文台经营者、地方天文协会、Cielo Buio 和国际黑暗天空协会（IDA）的意见基础上，根据第 13 条规定调整外部照明系统的设计、安装和管理；

c）通过主动或应天文台、天文协会和公民的要求定期开展监测，确保室外照明装置措施符合第 4 条规定的要求；

d）适用第 11 条所述的行政处罚；

e）在颁发新的建筑许可证或营业执照时，应核查新设施是否符合本法的规定；

f）从本法通过之日起 6 个月内，监测并确定重大光污染地点和来源，对其进行补救干预，并与天文观测站、天体爱好者协会、Cielo Buio 和 IDA 协会签署协议，确定未来 60 天内干预重点；

g）因照明装置通常会导致过境车辆出现眩目现象，应通过市政警察总部识别对公路交通造成危险的照明装置，并立即根据本法采取标准化干预措施；

h）在不违反本法规定的情况下，确定需要临时照明的外部照明调整方案，如沿海灯塔、监狱、兵营、体育设施和机场空中交通安全等；

i）在本法生效后 120 天内，由马尔凯地区环境和建筑遗产监管局出席的服务会议确定实施光污染整治目标的纪念性财产清单。

第 4 条（减少和防止光污染的区域条例）

1. 区域理事会应在本法生效后 6 个月内通过一项条例，管制区域和市政当局在污染预防和减少方面的行为，在这种情况下，国家法院必须考虑到这样一个事实，即根据《条约》第 177 条的规定，一个会员国的法院或法庭可根据《条约》第 177 条作出初步裁决。（根据 2004 年 1 月 20 日第 1 号法律第 5 条修订）

2. 该区域通过了一项条例，管制其本身和各城市在预防方面的活动减少光污染，特别规定：

（a）在公共和私人外部照明设备的设计、安装和操作方面，技术标准不得低于附件 B 所列的技术要求；

（b）户外照明设施的类型，包括用于广告目的的照明设施，需要得到市政当局的授权及批准；

（c）对现有设施进行改造以适应（a）项的技术要求；

（d）使《市政建筑条例》符合该条例规定的时限；

（e）确定第 7 条第 3 款所指的天文台和自然保护区特别保护区域的适用标准；

（f） 采取适当措施，鼓励公共和私人照明节约用电。

第 5 条（照明总体规划）

1. 在通过总体规划时，市政当局必须为公共照明制定具体的规划文书。

［附件 B-照明计划介绍］。

第 6 条（遵守规范的义务）

1. 所有公共和私人照明的规格必须符合本法的规定。［附件 C-符合 LR10/02 的标准规格］。

2. 对于技术复杂的设施，市政当局应根据报告从地区价格表的价格进行减损，具体减损量最多可增加 30%，以满足防止光污染的特殊需要。

第 7 条（天文观测站和自然保护区的保护区）

1. 为了适用本法，由地区委员会主管部门保存在地区范围内进行科学研究和传播的国家、公共或私人天文及天体观测站的登记册，并在不同名单中注明专业和非专业的观测站。附件 A 中所列的观测站属于后一类。

2. 第 1 款中提到的登记册由地区议会的决议增订。更新工作可由区域自行进行，也可根据有关各方的报告进行。该登记册及其更新版载于《英国广播公司》。

3. 区域理事会在第 4 条所述条例生效之日起 60 天内，通过适当比例的地图，确定第 1 款所述观察站的特别保护区域以及根据三年期区域保护区计划（PTRAP）建立的自然保护区。区域委员会的决议在《英国广播公司》上公布。

4. 在本法首次实施期间，第 3 款中提到的特别保护区域被定义为以专业观测站为中心 30 公里半径范围内、非专业观测站为中心 10 公里半径范围内，以及根据 PTRAP 建立的区域边界 5 公里半径的范围内。

5. 天文观测站

a）向领土主管部门报告不符合本法要求的光源，并要求采取必要的措施对其进行调整；

［附件 E-未遵守表格］。

b）与地方和区域当局合作，根据其具体需求，更好地和更及时地执行本法。

第 8 条（区域贡献）

1. 该区域向市政当局提供捐款，用于使公共户外照明装置适应第 4 条所述的技术标准，公共外部照明不得超过支出的 50%，在任何情况下，金额不超过 15 000 欧元。

2. 第 1 款中提到的援助应按照以下优先次序进行分配：

a）属于根据第 7 条第 3 款确定的观察站特别保护区内的城市；

b）属于受保护自然地区的市政当局；

c）对人口少于 5 000 人的城市。

3. 区域理事会应在第 1 条所述条例生效后 60 天内举行会议，第 4 号修正案规定了提交项目的程序和提供援助的标准。

4. 在本法案首次适用时，补助金的申请应在《联合国公约》公布优先标准后的 60 天内提交给主管的地区服务机构，对于以后的年份，应在 6 月 30 日前提交。

第 9 条（信息和传播措施）

1. 为了提高人们对光污染问题的认识，该地区积极组织宣传活动、会议和研讨会以及其他大众性质的倡议，同时也与市政当局、照明领域相关机构、天文观测站和天体协会开展合作。

第 10 条（替代的权力）

1. 如果市政当局拖延或不执行本法规定的强制行动，则应由区域监察员为其规定提供服务的期限。

2. 在第 1 款规定的时限届满后，监察员应在听取违约市政当局的意见后，任命一名代理专员，代替其行事。（宪法法院在第 112/2004 号判决中裁定本条在宪法上是非法的。）

第 11 条（制裁）

1. 在本法生效之日起，如果存在的户外照明系统未能按照附件 B 中的技术标准规定的条件和方式进行调整，市政府在发出警告后，应在 60 天内进行调整，并在不影响改造义务的情况下，实施 260 欧元至 1 030 欧元的行政处罚。

2. 第 1 款中提到的行政处罚也应适用于第 4 条中提到的条例生效前安装的新设施。

3. 从第 4 条所述条例生效后的第 90 天起，对于违反相关技术标准安装或改造的户外照明系统，市政当局应适用第 1 款所述的行政处罚措施。

4. 本条所指的罚款收益，应优先由市政当局用于调整公共户外照明设施，使之符合第 4 条所指的法规的技术标准。

第 12 条（财务条款）

1. 对于第 8 条所规定的干预措施，授权如下：2002 年的支出为 260 000 欧元；以后各年的支出数额将由各自的财政法决定。

2. 第 1 款授权的支出，在 2002 年应使用分配给 UPB 2.08.02 的款项，即 2002 年预算支出概算第 4 项下的部分经费；在随后的几年中，应使用部分地区税收收入支付。

3. 支付第 1 款所述费用所需的金额应记入 2002 年的相关报表中，即区域政府应在 2002 年预算支出估算中确定的标题为 “为改造公共照明设施而向市政当局提供的捐款”的章节中。

对《减少和预防光污染条例》的应计和现金拨款为 260 000 欧元；以后各年的费用由相应章节支付。

4. 支出单位 2.08.02 的职权范围和现金拨款减少 260 000 欧元。

第 13 条（最后条款）

1. 在第 4 条所指的法规生效之前，对于新的公共和私人户外照明装置的设计、安装和运行，应适用附件 B 的要求。

2. 在第 4 条所指的条例生效之前，在第 7 条第 4 款所指的特别保护区域，各市镇应与保护区的管理机构、天文台的管理人员和当地的天文协会协商，以确保公共和私人户外照明设施适应附件 B 第 9 点所指的技术标准。

附件6 韩国《防止人造光污染法》

第一章 总 则

第1条（目的）

本法的目的是防止人工照明过度发光对公众健康或环境造成的危害，并以环保的方式管理人工照明，使所有公民都能生活在健康和愉快的环境中。

第2条（定义）

本法中使用的术语具有以下含义：

（1）“人工照明引起的光污染”（以下简称“光污染”），是指因人工照明使用不当或光线从预定照明区域漏出而导致光线过多，干扰人们健康舒适的生活或破坏环境的情况。

（2）“照明灯具”是指为照亮空间、广告、装饰品等而安装的发光灯具和配件，以及总统令指定的照明灯具和配件。

第3条（国家的责任等）

（1）国家应制定和实施防止光污染的综合措施，并开发和推广必要的技术。

（2）地方政府应当根据其管辖范围的区域特点，制定和实施光污染防治措施，并采取措施向当地居民提供光污染信息。

（3）所有公民都应努力防止光污染，并配合国家或地方政府实施的防止光污染的措施。

第二章　光污染防治计划的制定等

第 4 条（制定光污染防治计划等）

（1）环境大臣应与有关中央行政机关负责人协商，每五年制定并实施一次光污染防治计划（以下简称“光污染防治计划”）。

（2）光污染防治计划应当包括下列各项：

① 预防光污染的分步措施；

② 促进光污染防治相关技术发展的措施；

③ 光污染影响评估相关事项；

④ 关于光污染的教育与公共关系措施；

⑤ 推进光污染防治项目成本计算及融资方案；

⑥ 其他防止光污染的必要事项。

第 5 条（制定都市光污染防治计划等）

（1）特别市长、都市市长、特别自治市市长、特别自治省省长（以下简称“市长”）应自制定光污染防治计划之日起一年内，根据《光污染防治计划》制定本辖区光污染防治计划（以下简称“都市光污染防治计划”）。

（2）如果一个省份的省长或市长根据第 1 款制定了防止城市光污染的计划，则应立即将其提交给环境部长，然后公布。这同样适用于环境部规定的重要事项的变更。

（3）省份的省长或市长应根据环境部法令的规定，每年向环境部长提交市级光污染防治计划的结果，环境部长应每年评估实施结果。

（4）与制定和实施市政光污染防治计划有关的其他事项，由环境部条例规定。

第 6 条（光污染防治委员会）

（1）环境省下设光污染防治委员会（以下简称“委员会”），审议与制定和实施光污染防治计划有关的事项。

（2）委员会由不超过 20 名成员组成，其中包括一名主席。

（3）委员会主席应由环境部长提名的官员担任，委员会成员应由环境部长从总统令指定的相关中央行政机构的官员以及在光污染方面具有丰富专业知识和经验的人员中任命或委托。

（4）委员会应审议下列事项：

① 光污染防治计划的制定与实施；

② 关于有效推进光污染防治计划的法律和制度的维护事项；

③ 推进光污染防治项目费用负担的事项；

④ 光污染防治措施绩效评价；

⑤ 主席认为有必要推进光污染防治措施的其他事项。

（5）委员会组织和运作所需的事项，由总统令规定。

第 7 条（光污染防治区委员会）

（1）市、省份的省长或市长应设立光污染防治区委员会（以下简称“区域委员会”），审议有关制定和实施都市光污染防治计划及根据第 9 条和第 10 条取消照明环境管理区的指定事项。

（2）区域委员会组织和运作所需的事项，应由有关地方政府的条例规定。

第 8 条（材料等的提交请求）

委员会、地区委员会认为履行职责必要时，可以要求有关行政机关负责人提交相关资料或者提出意见。在这种情况下，除非有特殊原因，否则相关行政机构的负责人应对请求作出回应。

第三章　照明环境管理区的指定

第 9 条（照明环境管理区域等的指定）

（1）省份的省长或市长可以指定发生或可能发生光污染的区域为照明环境管理区域，分类如下：

① 第一类照明环境管理区：过度人工照明对自然环境产生或可能产生负面影响的区域。

② 第二类照明环境管理区：过度人工照明对农林渔业运行和动植物生长产

生或可能产生负面影响的区域。

③ 第三类照明环境管理区：为公众的安全和便利而需要人工照明，过度人工照明对人们的居住生活产生负面影响或可能产生负面影响的区域。

④ 第 4 类照明环境管理区：商业活动需要一定程度的人工照明，过度人工照明已经或可能对人们的舒适健康生活产生负面影响的区域。

（2）在根据第（1）款的细分指定照明环境管理区域时，省份的省长或市长应考虑使用区域，根据《国土规划和使用法》的土地使用状况以及环境部条例规定的其他事项。

（3）市长依照第一款规定指定照明环境管理区时，应当依照第十六条的规定进行光污染环境影响评价，征得市长、县长、区长（以下简称自治区市长）和当地居民的意见，报区委员会。

（4）如果一个省份的省长或市长根据第（1）款指定照明环境管理区域，他应立即向环境部长报告，并应通知该区域的名称、位置、区域和其他必要事项。

（5）省份的省长或市长应制定并实施总统令规定的照明环境管理区域内的光环境生态友好型管理计划。

（6）环境部长或省份的省长或市长可以要求省份的省长或市长指定发生或可能发生光污染的区域为照明环境管理区。

（7）必要时，环境大臣可为指定照明环境管理区和改善环境友好型管理提供技术和财政支持。

（8）根据第 1 款指定照明环境管理区的必要事项应由环境部条例规定。

第 10 条（照明环境管理区的指定撤销）

（1）省份的省长或市长在丧失了按照第九条第一款指定的照明环境管理区的指定目的，或者需要改变照明环境管理区的时，可以取消或者变更照明环境管理区的指定。

（2）如果根据第（1）款撤销或更改照明环境管理区的指定，则应由区域委员会进行审查。

（3）根据第（1）款取消或更改照明环境管理区域名称的方法和程序所需的事项应由环境部条例规定。

第 11 条（光辐射的允许标准）

（1）环境部长应与有关中央行政机关的负责人协商，根据环境部的法令，制定第 9 条第 1 款规定的照明环境管理区域允许的光辐射标准（以下简称“光辐射标准”），以节约能源和技术发展为考虑。

（2）当特别城市、大都市和韩国的特别自治道认识到难以按照第 1 款规定的光排放限额标准防止光污染或创造宜人环境时，地方政府条例可以制定比第 1 款规定的光排放标准更严格的光排放标准。

（3）如果特别城市、大都市、特别自治市或特别自治道根据第 2 款制定或改变严格的光排放配额标准，城市或市长应立即向环境部长报告，并通知有关各方。

第 12 条（遵守光辐射允许标准等的义务）

（1）负责管理根据第 9 条第 1 款指定的照明设备或根据第 10 条第 1 款变更的照明设备的人员（以下简称“所有者等”）应遵守第 11 条规定的光辐射标准。但是，这不适用于为国内和国际活动、节日或旅游促销目的在有限的时间内安装照明设施的情况，并经总统令规定的城市或市长批准。

（2）尽管有第（1）款的规定，在根据第 9 条第 1 款被指定为照明环境管理区之前或根据第 10 条第 1 款变更指定之前安装的照明灯具超过允许的光辐射标准时，该设备的所有者应采取措施，确保自指定相关照明环境管理区域或更改指定之日起三年内，光排放限额超过允许的光排放标准。

（3）城市或市长应定期检查拥有者是否遵守第（1）或（2）款。

（4）当市或县区的市长发现违反第（1）款或第（2）款的所有者时，他或她应向该市的总督报告。

（5）根据第 4 款提交报告的内容和程序应由环境部法令规定。

第 13 条（超过光排放限额标准等人员的改进令）

（1）省份的省长或市长可以命令业主和其他人在照明环境管理区内根据第

11 条违反光排放标准，采取必要措施（以下简称“改进令”），以确保照明灯具在环境部条例规定的固定期限内达到光排放标准。

（2）如果业主已经执行了改进令，他或她应根据环境部法令的规定，立即向城市或市长报告实施结果。

（3）在收到根据第（2）款提出的报告后，市长应毫不拖延地检查命令的执行情况或改善的完成情况。

（4）如果被命令改善的人没有这样做，或者如果该人在期限内这样做，但仍然超过第 11 条规定允许的光辐射标准，则城市或市长可以下令暂停或限制使用全部或部分有关照明设施。

第四章　附　则

第 14 条（与光污染等有关的调查和研究）

（1）环境大臣可以研究光污染对生态系统的影响、天文观测和能源浪费。

（2）如有必要，环境部长可以向地方政府提供与光污染相关的研究项目的技术和财政支持。

（3）如果环境部长认为有必要，可以任命总统令指定的人来执行第（1）款规定的部分工作。

第 15 条（照明设备等的安装和管理标准）

环境大臣可以规定和公布照明设备的安装和管理的必要事项。

第 16 条（光污染环境影响评价）

省份的省长或市长应至少每三年评估一次其管辖区域内光环境对周边地区的环境影响，并按照环境部法令的规定向环境部长报告结果。

第 16 条　第（2）款（光污染检查机构的指定等）

（1）环境大臣可以指定一个检查机构（以下简称“光污染检查机构”）对光排放标准的遵守情况进行专业检查。但是，根据第 16 条第（3）款第（1）项的规定，撤销指定后一年内未被指定为光污染检查机构的，不得指定为光污染检查机构。

（2）根据第（1）款希望被指定为光污染检查机构的人，应向环境部长提出申请，并配备环境部条例规定的设备和技术人员。

（3）光污染检查机构应当按照环境部条例规定的程序和方法进行光污染检查。

（4）如果光污染检查机构打算改变环境部条例规定的人员和设备等重要事项，应向环境部长报告。

（5）光污染检查机构应当遵守环境部条例规定的事项，如保存光排放标准结果的记录。

（6）光污染检察机关的指定条件和程序由环境部令规定。

第 16 条　第 3 条（取消光污染检察机关的指定等）

（1）环境部长可以在光污染检察机关有下列情形之一的情况下，取消其指定或者规定 6 个月以内的时间，责令停止其业务：但是，有第一项至第四项规定之一的，应当取消指定。

① 以虚假或其他不正当方法被指定的

② 违反停职命令，在停职期间进行检查的

③ 因故意或重大过失将检查结果制作成与事实不符的

④ 使用自己的名义，让他人检查是否遵守光辐射许可标准，或者出具光污染检察机关指定书。

⑤ 不符合第 16 条第 2 款规定的指定要件。

⑥ 违反第 16 条第 2 款第 3 款的程序及方法进行检查的。

⑦ 未按照第 16 条第 2 款申报或者以虚假，不正当方法申报的。

（2）第一款行政处分的具体标准由环境部令规定。

第 16 条　第 4 项（听证）

环境部长官根据第 16 条第 3 项取消光污染检察机关的指定，应当举行听证。

第 17 条（报告及检验）

（1）环境部长官为防止光污染而有必要时，可以要求光污染检查机构报告其工作或提交数据，并可以派公职人员进出设施检查设施的设备。

（2）当省份的省长或市长认为有必要防止光污染时，他或她可以要求照明灯具的所有者报告照明设备的运行情况或提交数据，并可以让相关公职人员进入照明设备的安装地点并检查设施的设备。

（3）根据第（1）和（2）款进行入境检查的公职人员应持有显示其权限的徽章，并向有关人员出示。

第 17 条　第 2 项（权限的委任及委托）

（1）根据本法，环境部长官的权限可以根据总统令的规定，将其中的一部分委派给国立环境科学院院长。

（2）根据本法的省份的省长或市长的权限，可以根据总统令的规定，将其一部分委派给市长、郡守、区厅长。

（3）根据本法，省份的省长或市长的业务可以根据总统令的规定，将其中一部分委托给相关的专门机关。

根据第 17 条第 3 款（适用处罚规定为公务员议题）第 17 条第 2 款第 3 款，在适用《刑法》第 129 条至第 132 条的规定时，从事环境部长或省份的省长或市长委托其工作的相关专业机构的官员或雇员应被视为公务员。

第五章　处　罚

第 18 条（罚款）

（1）任何人不遵守根据第 13 条第 4 款暂停使用或限制使用照明设施的命令，处以 1 000 万韩元以下的罚款。

（2）属于下列任何一种情况的人，处以 300 万韩元以下的罚款。

① 违反第十二条第一款规定，不遵守光排放标准，或者违反同条第二款规定，不采取措施遵守光排放标准的人。

② 未遵守第 16 条第（2）款第（5）项规定的要求的人

（3）属于下列任何一种情况的人，处以 200 万韩元以下的罚款。

① 未根据第十七条第一款和第二款提交报告或数据，或虚假报告或提交数据的人。

② 根据第十七条第一款和第二款的规定，拒绝、阻挠或逃避相关公职人员的入境检查的人。

③ 第（1）款至第（3）款规定的罚款，应由总统令规定的市镇或城市的总督征收。